한 번 알면 평생 활용하는
백년 공부법

한 번 알면 평생 활용하는
백년 공부법

초판 1쇄 발행　2025년 4월 17일
초판 2쇄 발행　2025년 7월 16일

지은이　정경훈
발행인　박상진
편 집　김민준
마케팅　박근령
관 리　황지원
디자인　투에스북디자인, 정지현

펴낸곳　진성북스
등 록　2011년 9월 23일
주 소　서울시 강남구 삼성동 143-23, 어반포레스트삼성
전 화　02)3452-7762
팩 스　02)3452-7751
홈페이지　www.jinsungbooks.com
이메일　jinsungbooks@naver.com

ISBN　978-89-97743-69-8　　03190

※ 진성북스는 여러분들의 원고 투고를 환영합니다.
　책으로 엮기를 원하는 좋은 아이디어가 있으신 분은
　이메일(jinsungbooks@naver.com)로
　간단한 개요와 취지 등을 이메일로 보내주십시오.
　당사의 출판 컨셉에 적합한 원고는 적극적으로 책으로 만들어 드리겠습니다.

※ 본서의 내용을 무단 복제 하는 것은 저작권법에 의해 금지되어 있습니다.
　파본이나 잘못된 책은 교환하여 드립니다.

한 번 알면 평생 활용하는
백년 공부법

미국 대학 최연소 정교수가 연구한
합격으로 가는 인지-메타인지 학습 시스템

정경훈 지음

목차

서문 성적을 올리는 지름길은 어디에?   8

제1장 책의 가치 판단을 위해 앞부분만 읽으실 분을 위한 글

단기 기억에서 장기 기억으로: 정보의 습득에서 응고로   13

반복하여 응고시키기   15

반복이나 강한 정서 없이 응고시키기   17

반복 없는 응고의 핵심: 내게 익숙한 배경지식과
새로운 정보의 의미 있는 연결 맺기   22

첫 번째 표준편차 이야기   36

제2장 인지-메타인지 학습 시스템

인지(Cognition) 그리고 인지적 학습법   51

메타인지(Metacognition) 그리고 메타인지 학습법   60

인지-메타인지 학습 시스템
(Cognitive-Metacognitive Learning System)   66

제3장 신(信) - 믿음

대학교 데이터 … 73
고등학교 데이터 … 77
초 / 중학교 데이터 … 81

제4장 해(解) - 이해

첫 번째 해(解): 인간의 인지 과정 이야기

세 개의 기억 저장소 … 92
질문 1. 감각 기억으로 들어오는 그 수많은 정보 중 어떤 것이 선택되어 단기 기억으로 넘어가는가? … 98
질문 2. 단기 기억(작업 기억) 속 정보에 어떠한 인지적 작업을 해야만, 즉, 어떤 방식으로 공부해야만, 가장 효과적으로 그것을 장기 기억 속에 응고시킬 수 있는가? … 111
질문 3. 수많은 정보를 가진 장기 기억 속에서 보다 쉽게 정보를 꺼내려면 무엇을 해야 할까? … 118
해(解)의 장 첫 단락 '인간의 인지 기능 이야기' 시사점: 예습의 필요성과 구체적 방법 … 127

두 번째 해(解): 블룸의 교육 목표 분류 그리고 평가 기준 확인

블룸의 교육 목표 분류: 정의   144

상위 인지 작용의 효과: 하위 인지 기능의 강화   153

블룸의 교육 목표 분류: 시사점   156

세 번째 해(解): 기억 장인들의 학습법

단순 반복의 달인   168

기억력 대회에 참가한 기억 장인들   177

학교의 기억 장인: 선생님   183

네 번째 해(解): 선생님의 학습법

선생님처럼 학습하기 0: 남을 가르치려는 마음으로 배우기   188

선생님처럼 학습하기 1: 예상 시험 문제 만들기   202

선생님처럼 학습하기 2: 수업 준비하기   214

선생님처럼 학습하기 3: 말로 설명하며 가르치기   223

선생님처럼 학습하기 4: 학생과 상호작용하기   231

선생님처럼 학습하기 5: 채점과 피드백 제공하기   235

제5장 행(行) - 실행

첫 번째 행(行): 예습   255

두 번째 행(行): 수업   259

세 번째 행(行): 평가 기준 확인하기   263

네 번째 행(行): 강의 노트 만들기   267

다섯 번째 행(行): 수업하기   275

여섯 번째 행(行): 시험 준비   279

일곱 번째 행(行): (메타인지 측정을 위한) 예상 점수 기록   281

제6장 증(證) - 깨달음

책을 마무리하며   289

용어 색인   292

미주   294

서문
성적을 올리는 지름길은 어디에?

많은 학생이 매일 책상 앞에 앉아 긴 시간을 투자하지만 원하는 성과를 얻지 못하곤 합니다. 학원에 다니고 반복적으로 책과 인강을 보고 밤새워 공부하지만 기대한 만큼 점수가 오르지 않습니다. 노력의 양이 부족한 게 아닙니다. 방법이 비효과적이기 때문입니다. 정보를 얻고 기억하고 인출하는 공부의 전 과정을 제대로 알지 못하고, 효과적인 공부법을 배울 기회도 적기 때문입니다. 결국 학생들은 다음과 같은 질문을 하게 됩니다.

"어떻게 하면 효과적으로 공부할 수 있을까?"
"성적을 빨리 올리는 방법은 무엇일까?"

놀랍게도 이러한 질문은 인지과학자들의 오랜 질문이기도 합니다. 지난 100년간 인지과학자들도 '공부 잘하는 법', '성적 올리는 법'

을 찾기 위해 수많은 실험을 해온 것입니다.

이 책은 그 동안 인지과학이 찾아낸 효과적 학습의 원리를 알기 쉽게 풀어낸 책입니다. 특히 학생의 관점에서 효과 높은 학습 원리를 쉽게 적용할 수 있도록 **'인지-메타인지 학습 시스템'**이라는 이름의 매우 구체적인 학습 방법을 제시하고 있습니다.

중요한 특징은 바로 책 전체의 내용이 초·중·고·대학생들을 대상으로 한 실험 결과에 기반하고 있다는 점입니다. 즉, **인지-메타인지 학습 시스템**은 그동안 학계에서 축적된 이론일 뿐만 아니라 실제 교육 현장에서도 효과가 입증된 학습법입니다. 많은 학생이 이 책에 제시된 방법을 적용한 후 단기간 내에 성적 향상을 경험했고 학습에 대한 자신감도 되찾았습니다.

50여 년 전 대한민국은 선진국을 모방하며 발전하기 시작했습니다. 당시의 시험도 학생이 '기존 지식을 얼마나 잘 기억하는가'를 측정하는 성격이 강했습니다. 그러나 요즘 같은 인공지능(AI) 시대에는 단순히 정보를 기억하는 것의 중요성은 현저히 낮아졌습니다. 그 대신 논리와 창의적 사고력을 바탕으로 문제를 해결하는 능력이 절실해지고 있습니다. 이에 따라 시험도 깊이 있는 이해, 분석과 평가 능력, 창의적 해결력과 같은 고차원적 사고력을 요구하고 있습니다. '인지-메타인지 학습 시스템' 속의 **'인지'**는 과거 시험에서 중시했던 기억의 효율성을 극대화하는 것에 초점을 두고 있습니다. 인공지능의 시대에도 어느 정도의 정보 기억은 반드시 필요하기 때문입니다. 그리고 **'메타인지'**는 단순 기억을 뛰어넘는 고차원적 사고력의 극대화에 초점을 두고 있습니다. 이렇게 인지와 메타인지 모두를 강조하는 학습 시스템은, 일차적으로는 시험에서의 고득점을 가져올 뿐만 아니라, 인공지능 시대에 요구되는 고차원적 사고 능력도 갖추게 해줄 것입니다.

시중에 나와 있는, 우수한 성적을 거둔 일부 개개인의 학습법에도 일리는 있을 것입니다. 그러나 그러한 학습법들은 과학적 관점에서의 보편 타당성을 갖추지는 못했습니다. 전문가가 인정하는 이론적 토대, 다수의 사람들을 대상으로 한 반복적 실험, 개인의 주관을 배제한 공정한 검증이라는 요소들을 가진 학습법이야말로 과학적 학습법이라고 할 수 있습니다. 이러한 관점에서 인지-메타인지 학습 시스템은 앞으로 적어도 백년 동안 크게 변하지 않을 학습법입니다. 인간의 뇌에 전자칩을 꽂아 기억과 고차원적 사고를 대신하기 전까지는 말입니다.

    이 책을 통해 지난 백년 동안 인지과학이 밝혀낸 학습법을 자기 것으로 만드시길 바랍니다. 향후 백년(평생) 동안 시험에서의 합격과 인생의 성공을 도와줄 것입니다.

저자 **정경훈**

제1장
책의 가치 판단을 위해 앞부분만 읽으실 분을 위한 글

내가 만나는 모든 사람은 어떤 면에서든 나보다 뛰어나다.
그러므로 나는 그로부터 배울 수 있다.

Every man I meet is in some way my superior;
and in that, I learn from him.

- 랄프 왈도 에머슨(미국의 시인) -

제1장인 '책의 가치 판단을 위해 앞부분만 읽으실 분을 위한 글'은 이 책을 다 읽지 않으시더라도, 인지-메타인지 학습 시스템의 핵심 한 가지는 얻어 가셨으면 하는 마음에 준비한 글입니다. 그 한 가지는 바로 이것입니다.

예습: 내일 뭘 배우나 하는 정도의 훑어보기와 질문 만들기

부디 이 책을 끝까지 읽으실 분들 또한, 이 학습법을 당장 적용하며 책을 읽는다는 의미에서 이 글을 읽어 보시기를 바랍니다. 이 글은 5개의 소제목으로 이루어져 있습니다.

- 단기 기억에서 장기 기억으로: 정보의 습득에서 응고로
- 반복하여 응고시키기
- 반복이나 강한 정서 없이 응고시키기
- 반복 없는 응고의 핵심: 내게 익숙한 배경지식과 새로운 정보의 의미 있는 연결 맺기
- 첫 번째 표준편차 이야기

단기 기억에서 장기 기억으로:
정보의 습득에서 응고로

인간에게는 **단기 기억**과 **장기 기억**이라는 것이 있습니다. 단기 기억은 소량의 정보를 한정된 시간 동안만 저장할 수 있습니다. 특별한 학습 없이 우리가 어떤 정보에 단순히 노출된 경우, 단기 기억은 네댓 개의 정보를 약 20초 동안만 저장할 수 있습니다. 가령, 처음 만난 사람의 번호를 핸드폰에 입력할 때가 그 예입니다. 번호를 입력한 후 그 사람과 20초만 대화를 나눠도 더 이상 번호가 떠오르지 않게 됩니다. 적절한 학습이 없다면, 단기 기억에 저장되었던 정보는 이렇게 쉽게 사라집니다.

학습이란 어떤 정보를 단기 기억에서 장기 기억으로 옮기는 과정입니다. 단기 기억에 비해, 장기 기억은 무수히 많은 정보를 아주 오랜 시간 동안 담아둘 수 있습니다. 시험을 봐야 하는 학생이라면 누구나 바로 이 장기 기억에 많은 정보를 오랫동안 잘 담아두고자 합니다. 그런데 안타깝게도, 단기 기억에서 장기 기억으로 힘들여 옮긴 모든 정보가 처음부터 견고한 상태로 남게 되는 것은 아닙니다. 사실, 장기 기억으로 막 옮겨진 대부분의 정보는 마치 그물 위에 쏟아부어진 액체와 같이 쉽게 흩어지고 사라져 버립니다. 이것은 성적이 좋은 사람이든 나쁜 사람이든, 모든 인간의 뇌가 처음 정보를 습득할 때 보이는 자연스러운 현상입니다.

그런데 이제 막 습득한 정보에 어떤 인지적 처리를 하다 보면 마치 액체가 고체가 되듯, 서서히 그 정보가 장기 기억 속에서 자리를 잡고 **응고되기** 시작합니다.

이때 학습을 하는 우리가 반드시 알아야 할 것이 있습니다. 그것은 단기 기억에서 장기 기억으로 정보를 옮길 때, 우리가 **어떠한 인지적 처리를 했는가**에 따라 장기 기억 속으로 옮겨진 정보의 **상태가 달라진다**는 것입니다. 이것은 마치 바다에서 갓 잡은 생선을 배 위에서 **어떻게 처리하는가**에 따라 그것이 신선하지만 얼른 먹어야만 하는 횟감으로 남거나, 캔 처리가 되어 수십 년이 지나도 먹을 수 있게 되는 것과 마찬가지입니다.

반드시 기억하십시오. 정보는 우리가 어떠한 인지적 처리를 통해 단기 기억에서 장기 기억으로 옮기는지에 따라 잠시 생생하지만 금세 꺼내기 힘든 기억이 되기도 하고, 아니면 수십 년이 지나도 떠올릴 수 있는 기억이 되기도 합니다.

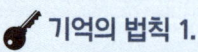
 기억의 법칙 1.

단기 기억에서 장기 기억으로 정보를 옮기는 방식에 따라, 장기 기억 속 정보의 상태가 달라진다.

반복하여 응고시키기

정보를 단기 기억에서 장기 기억으로 옮기기 위해 우리가 사용하는 가장 흔한 방법은 **단순 반복**입니다. 가령, 전화번호를 단순 반복하다 보면 결국 그 정보가 단기 기억에서 장기 기억으로 옮겨집니다. 그러나 단순 반복을 통해 장기 기억으로 옮겨진 정보는 우리가 흔히 경험하듯, 금세 다시 떠올리기 힘든 상태로 변해버립니다. 이때, 잘 기억나지 않게 된 그 정보가 완전히 사라진 것은 아닙니다. 왜냐하면 처음 보는 번호를 잠시 외웠다가 금세 잊었다 해도, 다시 그 번호를 들으면, '아' 하며 친숙한 느낌이 들고, 실제로 다시 외우는 데 필요한 시간도 줄어들기 때문입니다. 따라서 그 정보가 완전히 사라졌다기보다는 이미 장기 기억 속에 있던 유사한 정보들 사이에 파묻혀 찾기 힘든 상태가 되었다고 볼 수 있습니다.

그런데 간혹 단순 반복 없이도 새로 습득한 어떤 정보가 단번에 단기 기억에서 장기 기억으로 옮겨 가고, 즉시 견고하게 응고되는 일도 있습니다. 그 첫 번째 경우는, 그 내용이 **강렬한 정서를 수반하는 경우**입니다. 누구나 오랜 시간이 지나도 기억할 수 있는 유년 시절의 기억들이 있습니다. 대부분 이러한 기억들은 어떤 정서가 매우 강하게 동반된 경험들입니다.

> 🔑 **기억의 법칙 2.**
>
> 단기 기억에서 장기 기억으로 옮겨진 정보가 즉시 응고되고 이후에도 쉽게 꺼낼 수 있는 상태가 되는 한 가지 경우: 강렬한 정서가 수반된 기억

그런데 새로 습득한 정보가 장기 기억 속에서 즉시 견고하게 응고되는 두 번째 경우는, 그 내용이 일반 수업 시간처럼 강한 정서를 수반하지 않는 경우에도 가능한 것입니다. 여러분은 혹시 그러한 예가 떠오르시나요? 다음 페이지에서 그 예 한 가지를 소개해 보겠습니다.

반복이나 강한 정서 없이 응고시키기

우리가 다음과 같은 비밀 코드를 외워야 한다고 가정해보겠습니다.

ㅏ	1
ㅜ	2
ㅓ	3
ㅑ	4
ㅠ	5
ㅕ	6
ㄴ	7
ㅗ	8
ㄹ	9

왼편의 기호 중 첫 번째를(ㅏ) 보면 그것이 1임을 기억할 수 있어야 하고, 1은 또한 ㅏ로 표기할 수 있어야 합니다. 즉, ㅏ와 1이 같음을 기억해야 하는 것입니다. 마찬가지 방식으로 나머지 기호에 대해서도 각각

의 기호와 연결된 고유 번호들을 기억해야 한다고 생각해 보겠습니다. 이제 이 아홉 개의 기호와 숫자들을 다시 한번 살펴보십시오. 얼마만큼의 시간이 있어야 이것들을 다 외울 수 있을까요? 그리고 이 비밀 코드를 외우는 과정은 즐거울까요? 아니면 짜증스러울까요?

아마 많은 사람들에게 이 과제는 오랜 시간이 걸리고 짜증스러운 단순 반복 과제가 될 것입니다. 비밀 코드는 본래 그 특성상 외우기 힘들게 되어 있습니다. 무의미해 보이는 연결 관계들을 외워야 하기에 배우기도 지루하고, 강하거나 긍정적인 정서를 유발하지도 않습니다.

여러분이 시험을 위해 공부하고 기억해야 할 수많은 내용도 이와 유사한 성질을 가지고 있습니다. 왜 배우는지도 모르겠고, 재미와 같은 긍정의 정서도 없습니다. 다만 무한 반복을 통해 억지로 외울 뿐입니다. 문제는, 앞서 언급한 것처럼, 단순 반복을 통해 외운 내용은 금세 떠올리기 힘든 상태로 변해버린다는 것입니다.

그런데 저에게는 이 비밀 코드 전체를, 단 10초 만에 외우게 해주는 힌트가 하나 있습니다. 이 힌트의 역할은 바로, 각각의 기호와 숫자가 어떻게 연결되어 있는지, 그 **관계를 확연하게 깨닫게 해주는 것입니다**. 그리고 이렇게 각 부분의 연결 관계를 확연히 이해하게 되면, 우리는 언제든 그 관계에 대한 이해를 바탕으로 전체 정보를 **재생성**해낼 수 있습니다. 이것은 우리 인간의 기억이 보이는 일반적인 특징입니다. 즉,

**세부 정보 간 관계에 대해 확연한 이해를 하게 되면,
전체 정보가 장기 기억 속에 견고하게 응고된다.**

정보 속 각 부분의 관계를 확연히 이해한다는 것이 반드시 어렵거나 오랜 시간이 걸리는 일은 아닙니다. 특히, 우리가 주어진 정보의 관계를 이해하는 데 필요한 **배경지식**을 많이 가지고 있을수록 그렇습니다. 중요한 점은 여기서 말하는 배경지식 또한, 반드시 고상하고 어려운 무언가를 숙지하고 있음을 의미하지 않는다는 점입니다. 선행학습을 해야 한다는 말은 더더욱 아닙니다.

실제로 저는 제 인지심리학 수업에서 학생들에게 이 비밀 코드를 제시하고 몇 분간 학습해 보도록 합니다. 그 와중에 딱 한 학생만 불러 제가 가진 힌트를 몰래 보여줍니다. 힌트를 받은 학생은 곧바로 이 기호와 숫자 사이의 관계를 확연히 이해하게 됩니다. 그래서 기호를 보면 숫자를, 숫자를 보면 기호를 적을 수 있는 상태로 순식간에 변합니다. 다른 학생들이 볼 때 이 학생은 비밀 코드 전체를 단번에 외운 천재처럼 보입니다. 그리고 이 천재(처럼 보이는) 학생은 열이면 열, 입이 귀까지 닿는 미소를 띠고 있습니다. 무한 반복을 하는 수많은 학생 속에, 기호와 숫자 사이의 관계에 대한 확연한 깨달음을 얻은 단 한 명의 학생만이 미소를 짓고 있는 것입니다.

자, 이제 여러분에게도 그 힌트를 보여드리겠습니다. 다만 힌트를 보시기 전에 실제로 이 비밀 코드를 외우기 위해 딱 2분만 노력해 보십시오. 이 비밀 코드를 순식간에 외울 수 있다는 것이 거짓말처럼 느껴질 것입니다. 어쩌면 여러분은 그 2분 동안 제가 가진 힌트를 눈치채려 하실지도 모르지만, 그것도 좋습니다.

타이머를 맞추실 필요까지는 없습니다.
약 2분 정도만 앞에 소개된 비밀 코드를 외우려 해 보십시오.

이 경험을 통해 여러분은 우리가 공부하면서 흔히 갖게 되는, 지루하고 의미 없어 보이는 내용을 무작정 외워야 할 때의 답답함을 느끼셨을 것입니다.

자, 이번에는 무엇이든 한 번 배우면 금방 기억해 내는, 천재처럼 보이는 친구들의 머릿속에서 무슨 일이 일어나는지를 직접 경험해 보겠습니다.

힌트를 보시기 위해, 이 책의 가장 마지막 페이지를 확인해 보십시오.

어떤가요?

답을 확인하자 답답함이 사라지고 막혔던 것이 탁 트이는 느낌이 드셨나요?

잠시 테스트를 해보겠습니다.

> 아래 기호는 어떤 숫자를 의미하나요?
>
> 『
>
> 이 기호는 어떤 숫자를 의미하나요?
>
> ╫
>
> 마지막으로, 아래 기호에 대응하는 숫자는 무엇인가요?
>
> 』

네 그렇습니다. **답은 1, 5, 9입니다.** 이제 제가 다른 기호를 여쭤봐도 여러분은 아마 쉽게 답하실 수 있을 것입니다. 기호 대신 숫자를 제시해도 마찬가지입니다. 게다가 여러분은 이 비밀 코드를 내일도, 어쩌면 평생 기억하실 수 있을지도 모릅니다. 그러나 이 힌트를 보지 못한 사람들은 여러분의 머릿속에서 기호와 숫자 사이의 관계에 대한 확연한 깨달음이 일어났다는 것만 알 뿐, 도대체 무슨 수로 이 관계를 순식간에 외웠는지 절대 알지 못합니다.

유사한 일이 수업 시간에도 종종 일어납니다. 똑같이 수업을 들었는데 어떤 친구는 내용을 기억하거나 관련된 문제를 곧잘 풀어내는 반면, 다른 친구는 엄두도 내지 못합니다. 심지어 이 '천재' 친구들은 꽤 많은 시간이 지난 후에도 그 내용들을 기억합니다.

비밀 코드를 순식간에 외운 사람과 그렇지 못한 사람 사이에는 어떤 차이가 있는 것일까요? 또한, 어려운 수학 문제를 처음 배우고도 척척 풀어내는 친구와, 시작도 못하는 친구 사이에는 어떤 차이가 있는 것일까요?

> 🔑 **기억의 법칙 3.**
>
> 단기 기억에서 장기 기억으로 옮겨진 정보가 즉각 응고되어, 이후에도 쉽게 꺼낼 수 있는 상태가 되는 한 가지 경우: 전체 정보를 이루는 세부 정보 간의 관계를 명확히 이해하면, 그 전체 정보를 단번에 장기 기억 속에 쉽게 응고시킬 수 있다.

반복 없는 응고의 핵심:
내게 익숙한 배경지식과
새로운 정보의 의미 있는 연결 맺기

비밀 코드를 순식간에 외운 사람과 그렇지 못한 사람, 그리고 어려운 수학 문제를 처음 배우고도 척척 풀어내는 친구와 시작도 못하는 친구, 이 둘 사이의 차이는 동일합니다.

새로운 정보를 무작정 단순 반복하여 외우려 하는가
아니면
새로운 정보를 배경지식 위에 의미 있는 연결을 맺으며 들어 앉히는가

우리는 처음 비밀 코드를 2분간 외우려 했을 때, 무작정 머릿속에 그것을 집어넣으려 했습니다. 하지만 앞서 말한 것처럼 우리의 단기 기억은 한정된 정보만을 잠시 담을 수 있을 뿐입니다. 게다가 단순 반복을 통해 단기 기억에서 장기 기억으로 정보를 꾸역꾸역 넘긴다 해도, 이 정보들은 금세 다시 꺼내기 힘든 상태로 변해버립니다. 그것은 **단순 반**

복을 통해 장기 기억 속으로 들어온 정보가 통상 **두 가지 형태의 방해**를 받기 때문입니다.

첫 번째 방해는, 새로 들어온 **정보들 속에 포함된 세부 정보들이 서로에게 미치는 방해**입니다. 비밀 코드의 경우, 9개 기호 사이에는 분명 차이가 있지만, 이 차이가 너무 작아 기호들이 전반적으로 매우 유사해 보입니다. 그래서 서로를 헷갈리게 만들어 버립니다. 비밀 코드를 잘 외우기 위해서는, 유사하지만 조금씩 다른 이 기호들과 관련 숫자들 사이의 연결을 잘 기억해야 하는데, 숫자와의 연결은커녕 기호 자체가 너무 유사한 바람에 기호를 기억하기도 벅찹니다.

단순 반복을 통해 장기 기억 속으로 들어온 정보가 받는 또 다른 방해는, **새로 들어온 정보가 이미 장기 기억 속에 있던 정보와 유사하기에 겪는 방해**입니다. 예를 들어, 첫 번째 기호와 그 숫자의 관계를 마침내 단순 반복을 통해 외웠다 하더라도, 이후에 또 외울 '기호 - 숫자'의 관계들이 앞서 외웠던 것과 전반적으로 너무 유사합니다. 그래서 기호와 숫자의 다양한 연결을 모두 기억한다는 것이 너무 힘들어집니다. 즉, 기호 자체도, 기호와 숫자의 연결도 헷갈리는 겁니다.

우리가 이 책의 마지막 페이지에 있는 힌트를 보고, 기호도 그리고 기호와 숫자의 연결도 그처럼 쉽게 기억할 수 있게 된 것은 이 힌트가 적어도 두 가지 역할을 했음을 의미합니다.

첫째, 기호들 자체를 효과적으로 기억할 수 있게 도와주었다.
둘째, 기호뿐만 아니라, 각 기호가 특정 숫자와 맺고 있는 연결 관계를 잘 기억할 수 있게 도와주었다.

그런데 이러한 일이 어떻게 그렇게 빠르게 일어날 수 있었을까요? 우리가 장기 기억 속에 이 힌트를 받아들일 아무런 준비가 되어 있지 않앉는데도 이처럼 빠른 파악이 가능했을까요? 그렇지 않을 것입니다. 분명 우리의 장기 기억 속에는 이 힌트를 쉽게 처리할 수 있게 해준 어떤 배경지식 같은 것이 이미 있었을 것입니다. 그리고 이 비밀 코드 사례에서 핵심이 되는 배경지식은 바로 **지온**^{Geon}이라는 것입니다. 이 낯선 용어에 대해 잠시 설명하겠습니다.

- **지온** Geon

제가 만약 여러분에게 "동일한 크기의 정사각형 네 개를 가진, 큰 정사각형을 하나 그려주세요. 마치 네 개의 칸을 가진 격자무늬를 그리듯 말입니다"라고 하면 모두가 다음과 같은 그림을 그릴 것입니다.

그리고, 제가 "이 그림 속의 선들을 다 그리지 말고 선이 꺾이거나

교차하는 부분만 그려주세요"라고 하면 어떨까요? 아마 대부분 아래와 같이 9개의 부분으로 이루어진 그림을 그릴 것입니다.

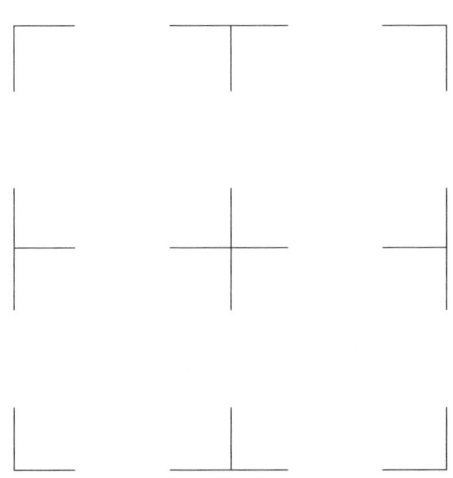

위 그림의 흥미로운 점은, 비록 많은 선이 끊어져 있지만, 우리는 여전히 작은 정사각형 네 개를 가진 큰 사각형을 볼 수 있다는 것입니다. 즉, 위 그림에 남아있는 9개의 이미지는 전체 이미지의 정체를 나타내는 데 필요한 핵심 이미지라고 할 수 있습니다. 인지심리학에서는 이처럼 **어떠한 물체의 정체를 나타내는 데 필요한 핵심 이미지를 지온**이라 부릅니다. 인간은 수많은 경험을 통해 4칸짜리 격자무늬의 지온뿐만 아니라 여러 지온을 장기 기억 속에 가지고 있습니다. 그리고 이를 활용해 물체의 일부만 봐도 전체 이미지를 파악할 수 있는 것입니다.

비밀 기호 속 9개의 기호 각각이(가령, ┌ ┬ ┘ 등이) 일상에서 쉽게 볼 수 있는 것은 아닙니다. 그러나 이 기호들을 힌트에서처럼 재배열하면, 4칸짜리 격자무늬를 나타낼 수 있습니다. 즉, 비밀 코드 속 9개의 기호는 사실, 얇은 두 줄로 되어 있다는 점만 다를 뿐, 4칸짜리 격자무늬의 지온들이었던 것입니다. 이때, 우리의 장기 기억 속에는 4칸짜리 격자무늬의 지온이 이미 **배경지식**으로 자리 잡고 있었기 때문에, 비밀 코드 속 9개의 기호가 조금 변형된 두 줄 형태일지라도 우리는 그것을 4칸짜리 격자무늬의 지온으로 쉽게 인식할 수 있었던 것입니다.

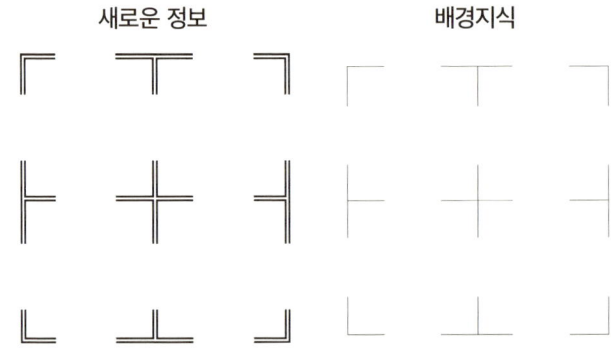

즉, **새로운 정보**인 비밀 코드 기호들이(위 그림 왼편) 기존의 **배경지식 위**에(위 그림 오른편) 매우 **유의미한 연결**을 맺으며 들어앉은 것입니다.

더불어 우리는 **전화기 속 1부터 9까지의 숫자 배열 방식**에도 무척 익숙합니다. 대부분의 청소년이나 성인은 이러한 숫자 배열을 배경지식으로 가지고 있습니다. 즉, 이 글을 읽는 대부분의 독자에게는 다음 그림과 같은 9개의 지온 배열도, 그리고 1부터 9까지의 숫자 배열도, 거의 자동으로 인식될 만큼 각각이 장기 기억 속에 배경지식으로 잘 자리 잡고 있습니다. 이러한 배경지식 덕분에, 각 위치에 대응하는 기호와 숫자의 연결이 순식간에 일어날 수 있었던 것입니다.

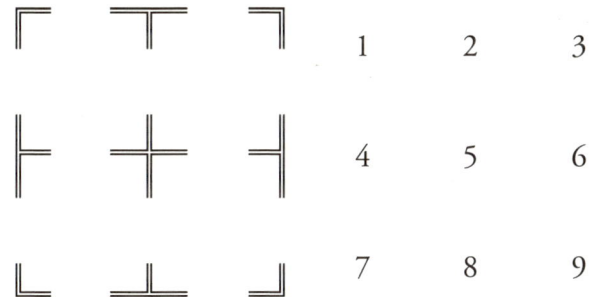

제 어린 딸들에게는 이러한 배경지식이 없습니다. 따라서 이 아이들은 힌트를 보아도, 9개 지온의 배열과 전화기의 숫자 배열 각각을 먼저 따로 학습해야만 할지도 모릅니다(이 아이들은 1부터 9까지의 숫자를 일렬로 나열하는 것에 보다 익숙합니다). 그럴 경우 이 아이들은 힌트를 보아도 여러분처럼 즉각적으로 확연한 깨달음을 얻지 못합니다.

만약 여러분이 비밀 코드 힌트를 보고 그 관계를 곧바로 이해할 수 있었다면, 분명 여러분에게는 4칸짜리 격자무늬의 지온과 1부터 9까지의 숫자 배열 방식이 **배경지식으로 있었던 덕분**입니다. 그리고 그 연결 관계를 힌트를 통해 확연히 이해한 여러분은, 이제 눈앞에 아무 단서가 없을지라도, 얼마든지 그 연결을 하나씩 **재생성**해낼 수 있습니다. 즉, 비밀 코드를 **더 이상 외우려 노력할 필요가 없다**는 것입니다.

> 🗝 **기억의 법칙 4.**
>
> 어떤 정보가 단기 기억에서 장기 기억으로 단번에 옮겨 가서 매우 꺼내기 쉬운 상태로 응고되는 두 번째 경우(첫 번째 경우는 강한 정서의 수반): 새로운 정보를(기호와 숫자의 연결을) 내게 익숙한 배경지식 위에(지온과 전화기 숫자 배열 위에) 의미 있는 연결을 맺으며 들어 앉힐 때.

마지막으로 '표준편차'라는, 우리가 실제로 학교에서 배우는 개념에 지금까지의 이야기를 적용해 보며 '책의 가치 판단을 위해 앞부분만 읽으실 분을 위한 글'을 마치겠습니다.

•잠시 글 읽기를 멈추시기 바랍니다•

지금까지 읽으신 내용이 2,000자가 조금 넘고, 이다음 표준편차에 관한 내용도 그에 버금가는 분량입니다. 무언가 새로운 내용을 배우실 때는 중간중간 휴식을 취하며, 지금까지 배우신 내용이 장기 기억 속에 응고될 수 있는 시간을 주시기를 바랍니다.

   50여 년 전부터, 연구자들은 꾸준히 '배우다 멈춤'의 중요성을 강조해 왔습니다. 가령, 45분짜리 수업이라면, 2~3분간의 짧은 멈춤을 수업 사이사이에 세 번 정도 넣을 것을 권해왔습니다. 이 짧은 멈춤만으로도 수업을 들은 학생들의 기억이, 쭉 수업을 들은 학생들에 비해 월등히 높아졌을 뿐만 아니라, 시험 성적도 높았기 때문입니다.[1,2]

   고등학생 때의 저는, 반복해서 책 읽기를 많이 했습니다. 가령, 쉬는 시간에 몇 페이지부터 몇 페이지까지를 훑어보려, 그것도 나름 집중해서 해 보려, 정신없이 책을 읽곤 했습니다. '한 번 봤다,' '두 번 봤다,' … 하며 표시도 해 두었던 것은, 아마도 그날 정해 놓은 공부량을 채우고 싶었기 때문일 것입니다. 그러나 지금 돌이켜보면, 쉬는 시간에는 방금 배운 내용을 잘 이해하고 있는지 점검해야 했습니다. 공자의 논어 또한 다음과 같은 말로 시작합니다.

학이시습지 불역열호(學而時習之 不亦說乎)
배우고 때때로 그것을 익히면 기쁘지 아니한가?

수업, 인터넷 강의, 반복 읽기 등으로 머릿속에 정보를 집어넣기만 하는 공부는 반쪽도 채 못 되는 공부입니다. 내가 정말 그것을 익히고 있는지를 문제 풀이, 설명 등으로 꺼내어 확인해 보아야만 합니다. 이러한 과정에서 문제를 맞히는 기쁨, 누군가를 가르칠 수 있게 되었을 때의 기쁨을, 공자는 먼 곳에서 찾아오는 친구의 기쁨보다 먼저 삼았습니다. 여러분의 공부에도, 계속 집어넣기만 하는 것이 아닌, 잠시 **멈추어 익히는** 기쁨의 시간이 있으시기를 바랍니다.

응고에 필요한 시간은 학습 내용의 복잡성, 배경지식, 그리고 집중 상태 등에 따라 다르지만, 뇌세포 수준에서의 응고는 적어도 몇 시간은 걸린다고 합니다.[3] 앞서 말씀드린 것처럼, 잠깐의 멈춤만으로도 응고의 효과가 있지만, 보다 완전한 응고를 위해서는 이보다는 긴 시간이 필요합니다. 그러니 여기까지 책을 읽으셨다면 식사나 산책을 하시거나 혹은 주무셔도 좋습니다. 적어도 한 시간 정도의 응고 시간 후에 계속 글을 읽어 나가시기를 바랍니다. 물론 지금까지의 내용을 혼자 곰곰이 머릿속에서 정리해 보고, 또 누군가에게 전달하며 꺼내어 보는 '익힘'의 시간은 단순한 멈춤보다 월등히 높은 이해와 기억을 보장할 것입니다.

잠시 멈추셨나요?

그렇다면 지금부터 5분 정도의 시간을 저와 함께 써 주셨으면 합니다.

첫 2분은, 지금까지 '내가 뭘 읽었지?' 하고 생각하는 시간입니다. 너무 큰 부담은 갖지 마시고, 아래의 목차를 보시면서 지금까지 읽으신 내용을 빠르게 한 번 떠올려 보시기를 바랍니다.

1. 단기 기억에서 장기 기억으로: 정보의 습득에서 응고로
2. 반복하여 응고시키기
3. 반복이나 강한 정서 없이 응고시키기
4. 반복 없는 응고의 핵심: 내게 익숙한 배경지식과 새로운 정보의 의미 있는 연결 맺기

잠시 지금까지의 내용을 떠올려 보세요

특히 여러분이 비밀 코드 속 기호와 숫자의 관계를, 힌트를 보고 단번에 이해하실 수 있었던 이유를 떠올려 보십시오. 그리고 다음 여백에 그 이유를 본인만의 언어로 간단히 적어 보시기를 바랍니다**(2분)**.

비밀 코드 속 기호와 숫자의 관계를 힌트를 보고
단번에 이해하고 외울 수 있었던 이유

> 2분 정도 적어 보세요

그 이유를 제 언어로 표현해 보면 다음과 같습니다.

우리의 머릿속에는 비밀 코드 힌트를 이해하는 데 도움이 될 만한 무언가가 이미 배경지식으로 있었다. 특히 4칸짜리 격자무늬의 지온, 그리고 전화기 속 1부터 9까지의 숫자 배열, 이 두 가지를 배경지식으로 가지고 있었다. 이러한 배경지식 덕분에 우리의 뇌는 힌트를 보자마자, 낯선 정보였던 비밀 코드 속 기호들이 사실은 4칸짜리 격자무늬의 지온이었으며(비록 두 줄로 되어 있었지만), 이 각각의 지온들이 전화기 속 9개의 숫자와 1:1의 연결 관계를 맺고 있음을 즉각적으로 이해한 것이다. 즉,

배경 지식을 바탕으로 한, 세부 정보 간 연결 관계의 확연한 이해

이것이 바로 효과적 학습을 유발하였다.

자 이제 마지막으로, 제가 곧 표준편차라는 예를 들며 어떠한 내용을 여러분에게 전해드릴지, 1분간만 짐작해 보시기를 바랍니다. 앞서 언급한 '멈춤이 가져다주는 긍정적 학습 효과'는 책을 읽을 때에도 나타나는데, 지금까지 읽은 내용을 정리하는 것도 짐작하시는 것처럼 글의 내용을 소화하는 데 도움을 주지만, 지금처럼 앞으로 읽을 내용을 예상해 보는 것 역시 문해력을 높이는 데 큰 도움을 줍니다.[4,5]

'첫 번째 표준편차 이야기'라는 소제목 하에서, 저는 어떤 이야기를 하게 될까요? 잠시 짐작해 보세요.

(다음 내용의 짐작에 대한 힌트: 저는 지금까지 배경지식을 바탕으로 새로운 정보 속의 세부 관계를 이해하는 것이 중요하다고 말씀드렸습니다. 그런 제가 표준편차에 대해서는 어떠한 이야기를 하게 될까요? 표준편차와 관련된 적절한 배경지식을 활용함으로써, 표준편차에 대한 이해와 기억 역시 획기적으로 높일 수 있음을 얘기하지는 않을까요?)

'멈춤을 위한 글'을 마치며

여러분께서 지금까지의 내용을 이해하실 수 있었던 것도, 또 그 중 몇몇 대목에서 크고 작은 공감을 하실 수 있었던 것도, 바로 여러분에게 그 내용들을 받아들이실 만한 적절한 배경지식이 있었기 때문입니다. 그리고 이 책에서 얻는 지식을 더욱 효율적으로 응고시키려면, 새로운 지식이 응고될 수 있는 시간을 가져야 한다는 이야기도 나누었습니다.

응고의 시간 후에 우리가 해야 할 가장 중요한 일은, 아직 덜 자리 잡은 그 지식을 보다 확실히 응고시키기 위해, 같은 내용을 한 번 더 읽는 것이 **절대 아니라**, 그 설익은 내용에 관한 **문제를 풀거나 자신만의 언어로 꺼내어 보는 것**입니다. 방금 여러분께서 하신 것처럼 말입니다. 그러다 보면 어떤 부분은 금방 배웠어도 쉽게 답할 수 있고, 어떤 부분들은 아는 듯한데 선뜻 말로 잘 표현할 수 없다는 것을 알게 됩니다. 당연히 우리는 선뜻 답하지 못했던 부분, 말로 표현해 내지 못한 그 부분을 위주로 다시 공부해야 합니다.

이렇게 지식을 한 번 더 집어넣는 것보다, 한 번 꺼내어 보는 것이 더욱 효과적인 학습 방법입니다. 너무나도 중요한 내용이기에 다시 한번 말씀드립니다. 두 번 읽는 것보다, 한 번 읽고 한 번 꺼내어 보는 것이 훨씬 더 효과적입니다. 스스로를 테스트한다는 것은 비록 심리적으로는 매우 불편한 일이지만, 뇌에게는 무척 효과적인 학습 방식입니다.

이제 표준편차에 대한 이야기하며 '책의 가치 판단을 위해 앞부분만 읽으실 분을 위한 글'을 마치겠습니다.

첫 번째 표준편차 이야기

비밀 코드를 처음 봤을 때 그것을 외운다는 것은, 그것도 순식간에 외운다는 것은 불가능해 보였을 것입니다. 마찬가지로 수학 시간에 처음 표준편차 공식을 배우는 학생들도 그것을 순식간에 외우는 일은 불가능해 보일 것입니다. 그러나 이제 여러분은 비밀 코드를 완벽하게, 그것도 순식간에 외우게 되었습니다. 그러한 일이 표준편차 공식에 대해서도 일어날 수 있을까요? 즉, 우리가 표준편차 공식을 배운 후에 금세 보지도 않고 재생성해서 써내는 것이 가능할까요?

우선 표준편차 공식을 한 번 살펴보십시오.

$$S = \sqrt{\frac{\sum (X - \overline{X})^2}{N}}$$

이 공식 속 요소들을 간단히 살펴보면 다음과 같습니다. 우선, 왼편의

S는 표준편차를 의미합니다. 표준편차의 영어명인 Standard Deviation의 첫 글자입니다. 그리고 이 표준편차를 구하기 위해서는, 우측에 있는 공식 속 분자 부분이 나타내는 것처럼, 데이터 속 각각의 숫자를 의미하는 X에서 전체 데이터의 평균인 $\bar{X}$를 빼야 합니다. 이 $(X - \bar{X})$를 편차라고 부릅니다. 그리고 이 편차들을 각각 제곱합니다: $(X - \bar{X})^2$. 그 후에 이 제곱한 편찻값들을 모두 더해(Σ)줍니다. 즉, $\sum (X - \bar{X})^2$를 구하는 것입니다. 그리고 그 합을 자료의 개수이자 분모인 N으로 나눕니다: $\frac{\sum (X-\bar{X})^2}{N}$. 마지막으로, 지금까지 계산한 값의 제곱근($\sqrt{}$)을 구하면 표준편차가 구해집니다 $\sqrt{\frac{\sum (X-\bar{X})^2}{N}}$.

이렇게 많은 정보는 우리의 단기 기억 속에 한꺼번에 담아둘 수 없습니다. 그것은 공부를 잘하는 사람이나 그렇지 않은 사람 모두 마찬가지입니다. 그리고 설령 반복을 통해 단기 기억에서 장기 기억으로 이 내용을 옮겼다 한들, 공식의 큰 모양새는 기억할지 몰라도 공식 속 세부 정보는 금세 떠올리기 힘든 상태로 남게 됩니다. 단순 반복을 통해 습득한 내용은, 우리가 기존에 알고 있던 다른 내용이나, 곧 배울 내용과 중첩되어 서로 혼동을 일으키기 때문입니다.

따라서 수학 시간에 처음으로 표준편차 공식을 배우는 학생이 이 공식을 순식간에 외운다는 것은 언뜻 불가능해 보입니다. 하지만 여러분은 이제 비밀 코드를 순식간에, 그리고 완벽히 외울 수 있게 되었습니다. 그러한 일이 표준편차 공식에 대해서도 일어날 수 있을까요? **제 생각에는 가능합니다.** 그런데 그것이 가능하고 불가능하고는 무엇이 결정할까요?

그 답은 앞서 비밀 코드에 대해 이야기하며, 무엇이 비밀 코드 힌트를 이해할 수 있고 없고를 결정했는지를 생각해 보면 알 수 있습니다. 가령, 제 어린 딸들은 왜 힌트를 봐도 비밀 코드를 이해하고 외울 수 없었을까요? 그것은 바로, 비밀 코드 힌트를 이해하기 위해서는 4개의 칸을 가진 격자무늬의 지온과, 1부터 9까지의 숫자 배열 방식을 미리 배경지식으로 가지고 있어야 하기 때문입니다. 마찬가지로, 어떤 공식을 즉각적으로 이해하고, 그것을 재생성까지 해낼 수 있으려면 그에 대한 어떤 배경지식을 가지고 있어야만 합니다.

자, 그렇다면 어떠한 배경지식을 가지고 있어야 표준편차 공식을 잘 이해하고, 또 금세 재생성까지 해낼 수 있을까요?

배경지식 1: 이전에 배운 관련 내용

배경지식에는 물론 이전 수업에서 배운 내용들이 포함됩니다. 예를 들어, 우리는 표준편차를 배우기 전에 평균은 무엇이고, 그것을 어떻게 공식으로 나타내는지를 배웁니다. 아래에 평균의 공식이 제시되어 있습니다.

$$\overline{X} = \frac{\sum X}{N}$$

위의 공식이 의미하는 바는, 평균이라는 것($\overline{X}$)은 자료에 포함된 모든 값(X로 표시된 값)을 더한 후($\sum X$) 이것을 분자로 삼고, 그 분자를 자료의 개수인 N으로 나눈다는 것입니다.

표준편차 이전에 배우는 배경지식으로는 제곱과 제곱근의 관계도 있습니다. 가령 우리는 양수 전체를 제곱한 후 다시 제곱근을 해주면 아무런 변화가 없다는 것을 압니다. 예를 들어 2를 제곱한 후(2^2), 다시 제곱근을 해주면($\sqrt{}$) 도로 2가 되는 것입니다($\sqrt{2^2}$ = 2가 기억 나시나요?). 무엇을 배우든 이처럼 기초에 해당하는 배경지식이 장기 기억 속에 잘 정리되어 있어야만 합니다. 그렇지 않고서는 그 기초를 바탕으로 한 새로운 무언가를 쉽게 습득한다는 것이 불가능합니다.

배경지식 2: 새로 배울 내용에 대한 큰 그림과 나만의 질문

그런데 위에서 언급한, 표준편차 이전에 배운 평균이나 제곱근과 같은 내용만으로는, 전혀 새로운 개념인 표준편차 그 자체를 곧바로 습득하고 응고시키기 힘듭니다. 표준편차 공식을 처음 배워도 곧바로 이해하고, 몇 번의 연습만으로도 금세 공식을 재생성해낼 수가 있으려면 우리에게 **표준편차 개념 자체에 대한 약간의 배경지식**이 표준편차를 처음 배울 때에 이미 있어야만 합니다. 이것은 마치 비밀 코드 힌트를 이해하기 위해 장기 기억 속에 네 칸짜리 격자무늬의 지온과 9개의 숫자 배열에 대한 정보가 이미 우리에게 있어야 했던 것과 같습니다. 따라서 우리는 내일 표준편차를 배운다면 오늘 그에 대한 직접적인 배경지식을 가질 수 있도록 **예습**을 해야만 합니다.

그러나 예습은 결코 선행학습을 말하는 것이 아닙니다.

선행학습이 내일 배울 수업과 동일한 수업을 미리 듣는 것을 의미한다면, 예습은 내일 배울 내용을 **잠시 미리 훑어보는 활동을 말합니다**. 이를 통해, '내일 이런 것을 배우는구나' 혹은 '아, 표준편차라는 건 대략 이런 거구나' 하는 정도의 파악만 해 두는 것을 의미합니다. 그리고 이렇게 내용을 미리 훑어보며 **반드시 자신만의 질문을 가지고 수업에 들어가야**

합니다. 예를 들어 '평균은 왜 배우는지 알겠는데 (**편차**에 대한 계산을 하는)**표준편차는 도대체 왜 배우는 거지?** 하는 식의 질문이 필요한 것입니다. 이러한 질문이 마침 새로 배울 내용의 핵심을 꿰뚫는 것이라면 더할 나위 없이 좋겠지만, 처음에는 그저 선생님께 여쭤보기에 적절한 것이라면, 자신에게 떠오르는 어떠한 질문이라도 좋습니다.

배경지식과 예습을 바탕으로 표준편차 배우기

표준편차의 경우, 책을 미리 들여다보며 '**편차**라는 것에 대해 어떤 계산을 하는 것이 표준편차구나' 하는 정도만 알고 수업에 들어가도, 표준편차 공식에 대한 이해도가 확연히 높아집니다. 사실 표준편차를 구하는 과정은 평균을 구하는 과정과 매우 유사합니다. 다만 그 계산을 편차라는 것에 대해 할 뿐입니다. 이 점을 잠시만 살펴볼까요? 평균의 공식을 제곱하며 이야기를 시작해 보겠습니다.

평균의 공식에 제곱과 제곱근의 관계를 적용해 보면 다음과 같습니다.

$$\overline{X} = \frac{\sum X}{N} = \sqrt{\left(\frac{\sum X}{N}\right)^2} = \overline{X}$$

(제곱과 제곱근을 동시에 적용)

위의 수식이 의미하는 바는 다음과 같습니다.

'가장 왼편에 있는 평균의 기호인 $\overline{X}$를 구하기 위한 공식은 $\frac{\sum X}{N}$인데, 이 공식 전체를 제곱한 후 $\left(\frac{\sum X}{N}\right)^2$, 다시 제곱근을 씌워주면 ($\sqrt{\left(\frac{\sum X}{N}\right)^2}$)아무 변화 없이 다시 평균이 ($\overline{X}$) 된다.'

자 이제, 이렇게 표현한 평균과 표준편차의 공식을 나란히 비교해 볼까요?

$$\overline{X} = \sqrt{(\frac{\sum X}{N})^2} \quad \text{vs.} \quad \sqrt{\frac{\sum(X-\overline{X})^2}{N}} = S$$

vsVS.를 가운데 두고, 루트를 포함하고 있는 좌우의 공식이 매우 유사합니다. 다만, 눈에 띄는 큰 차이는 바로 루트 속($\sqrt{}$) 분자 부분입니다. 왼편 평균의 공식에는 분자에 X가 있고, 오른편 표준편차의 공식에는 X 대신 $(X-\overline{X})$가 있습니다. 이 가장 큰 차이점, 즉, X냐 $X-\overline{X}$냐 하는 차이점에 주목한다면, 평균과 표준편차 공식의 핵심적인 차이점은 바로 이것입니다: '평균은 자료 각각의 값, 즉 X에 대한 계산 과정이다. 반면 표준편차 공식은 평균의 공식과 매우 유사한데, 다만 X 자체에 대해 계산하는 것이 아니라 $X-\overline{X}$, 즉, 편차에 대한 평균을 계산하는 것이다.'

사실 표준편차는 편차의 평균을 구하려다 생기는 작은 문제를 피하는 과정에서 생겨난 것일 뿐입니다. 즉, 표준편차의 핵심은 바로 **편차의 평균**이고, 표준편차 공식은 이러한 편차 평균이라는 개념을 기호로 써서 나타낸 것뿐입니다.

따라서 예습 과정에서 (평균하고 비슷해 보이는데)'**편차에 대해 계산하는 이 공식을 도대체 왜 배우는 거지?**'라는 질문을 하며, 표준편차가 **편차**에 대한 것이라는 점만 기억해도 이 공식을 기억하는 것이 매우 수월해집니다. 특히, 이 편차라는 개념만 기억해도 분자 부분 $(X-\overline{X})$이 거의 해결되고, 표준편차가 어떤 것의 평균을 구하는 과정이라는 것만 기억해도 분모 부분(N)이 해결되기 때문입니다. 제곱과 제곱근이 들어가 조금 복잡해지기는 했지만, 이점은 표준편차를 가르치시는 모든 선생님께서 언급하실 "편차의 합이 0이므로 제곱했다가 다시 제곱근을 씌워준다"라는 내용을 배우다 보면 자연스레 해결됩니다. 저 역시 여러 학생을 상대로 표준편차를 가르치지만, 편차의 합이 0이 되는 문제를 피하기 위해 편차를 제곱한다든지, 그리고 계산 과정에서 이렇게 제곱했으니까 나중에 제곱근을 해줘야 한다든지 하는 내용은 학생들이 아주 어려워하는 부분이 아닙니다.

정말 큰 문제는 학생들이 '**도대체 이걸 왜 배우는 거야**'라는 의구심을 그냥 덮어둔 채, 묻지도 따지지도 않고 공식과 계산 과정에 익숙해지려 한다는 점입니다. 10년이 넘도록 매년 통계를 가르쳤지만, "표준편차라는 건 왜 배우는 거예요?"라고 물은 학생은 단 한 명도 없었습니다. 미국에서도 학생들의 성적은 평균값으로 계산되어 나옵니다. 따라서 미국 학생들에게도 평균은 익숙한 개념일뿐더러, 유용한 개념이기도 합니다. 그런데 평균을 배우고 난 후 곧바로 배우는 이 표준편차는 그 누구도 실생활에서 만난 적도 없고, 앞으로 만날 일 또한 없을 텐데도, 학생들은 "왜 이걸 배우고 계산합니까?"라고 묻지 않습니다. 비교적 질문하기를 좋아하는 미국의 학생들도 이러한데, 상대적으로 과묵한 한국 학생들은 어떨까요? '그냥 외우자' 하고 공식을 외우고 풀이 과정을 연습할 것입니다. 그러나 단기 기억에서 장기 기억으로 정보를 넘기는 방식이 단순 반복인 한, 아무리 많은 시간을 들여도 그것은 쉽게 응고되지 않으며, 떠올리기 힘든 상태로 머물 뿐입니다. 즉, 많은 시간을 들여 노력했음에도 남는 것이 조금밖에 없는 것입니다.

반면, '**도대체 편차의 평균은 구해서 뭘 하려는 거야?**'라는 질문 하나만 있어도, 다음 공식이 조금은 더 잘 이해되기 시작합니다.

$$\frac{\sum (X - \overline{X})}{N}$$

위의 공식은 표준편차 공식의 핵심에 해당합니다.

즉, '편차의 합을 구한 후 N으로 나누어 평균을 구한다.'

이미 배경지식에 평균의 공식 ($\overline{X} = \frac{\sum X}{N}$)이 잘 들어있을 때에는, 이 표준편차의 핵심이 더욱 선명하게 보입니다.

    다만 분자에 있는 편차의 합 $\sum (X - \overline{X})$이 언제나 0이므로, 위의 공식을 따라 계산한 표준편차 값 또한 언제나 0이 됩니다. 따라서 이 문제를 피하기 위해 부득이 편차를 먼저 제곱하여 양수로 만들어 주고, 이렇게 제곱을 통해 숫자가 부풀려진 것을 만회하기 위해 나중에 전체에 제곱근($\sqrt{}$)을 해준다고 생각하면 아래의 공식이 훨씬 더 말이 됩니다.

$$S = \sqrt{\frac{\sum (X - \overline{X})^2}{N}}$$

그리고 바로 이것이 표준편차 S의 공식인 것입니다.

이제 여러분에게는 표준편차 공식의 속뜻이 잘 보일 것입니다. '편차의 평균을 구하는 것이 표준편차인데, 편차의 합이 늘 0이므로 그것을 제곱했다가 나중에 전체에 제곱근을 씌워준다.' 어쩌면 이제 여러분은 이 공식을 보지 않고도 쓸 수 있겠다는 생각이 드실지도 모릅니다.

첫 번째 표준편차 이야기를 마무리하며

정리하자면, 내일 수업을 잘 받아들이기 위해서 우리가 반드시 가지고 있어야 할 중요한 배경지식과 질문들이 있다는 것입니다. '내일은 편차의 계산을 바탕으로 하는 표준편차라는 것을 배우는구나', '근데 편차를 계산하는 표준편차는 도대체 왜 배우는 거지' 하는 식으로 **내일 배울 내용에 대한 큰 그림과 나만의 질문을 가지고 수업에 들어가야 합니다.** 이러한 예습이 바로, 처음 배우는 내용도 금세 기억하는 학생과, 수업 후에 배운 내용을 무한 반복하는 학생을 가르는 차이입니다.

여기서 우리는 효과적인 학습을 위해 우리가 매일 해야 할 일 하나를 알 수 있습니다. 그것은 바로,

- 예습 -

1. 수업 전날 밤 잠시 책을 훑어보며 내일 배울 내용이 무엇에 관한 것인지, 어떤 순서로 그 내용을 배우는지 대략 파악해 둔다(**5분 정도**).

2. 더불어 내일 배울 내용에 대한 나만의 질문을 만들어 둔다(**5분 정도**).

연구자들에 따르면, 선생님께서 '오늘 우리가 이 자리에 앉아서 무엇에 관한 내용을 배울 것이다'라는 것만 수업 초반에 학생들에게 잘 인식시켜 주셔도, 학생이 50등을 하던 학생들이 16등으로까지 등수가

오르는 엄청난 효과를 가져온다고 합니다. 예습을 통해 우리는 이러한 놀라운 효과를 스스로 만들어 낼 수 있습니다. 게다가 이러한 예습은 오랜 시간이 필요한 일도 아닙니다. 학습 내용에 따라 다를 수 있지만 **10분 정도**만 쓰셔도 충분합니다. 질문을 만드는 작업 역시, 예습 과정에서 떠오르는 나만의 질문들을 책의 관련 부분에 적어 두시는 것으로 충분합니다.

수업 전에 무엇을 배울지 대략이라도 알고 들어가고, 특히 내가 모르는 내용이 무엇인지를 아는 상태에서 수업을 듣는다면, 수업을 듣는 것만으로도 그 빈 구멍에 대한 확연한 깨달음을 얻으실 수 있습니다. 더불어 내가 미리 준비해 둔 질문들 또한 수업 내용이 잘 들어앉도록 해주는 배경 정보의 역할을 하는데, 이러한 배경 정보에 의미 있는 연결을 맺으며 들어 앉힌 지식은 쉽게 응고되어 잘 잊히지 않습니다.

지금까지의 이야기를 정리하며, 인지-메타인지 학습 시스템이 제안하는 예습의 구체적인 모습을 소개해 보겠습니다.

🔑 수업 전날 약 10분간, 내일 수업에서 배울 내용을 훑어보는 예습을 한다. 특히 목차, 큰 제목, 작은 제목, 그림, 표, 단원 요약 등을 훑어보며, **내일 배울 내용이 무엇에 대한 것인지, 그리고 어떤 순서로 그 내용을 배우는지 정도를 파악**한다. 이러한 예습은 새로 배울 내용에 대한 큰 안목을 갖게 하며, **새 지식이 들어앉을 배경 정보**를 만들어준다. 또한 이 과정에서 우리는 자동으로 그 내용 중 **내가 이미 알고 있는 것은 무엇이고 모르는 것은 무엇인지를 파악하게 된다**. 즉, 새로 배울 내용에 대한 메타인지를 형성하는 것이다(메타인지의 개념은 추후 설명됨).

더불어 매 수업마다 그날 배울 내용에 대한 나만의 질문을 가지고 수업에 들어가야 한다.
'편차에 대한 계산을 하는 표준편차는 도대체 왜 배우는 거지?'
'어떤 때 관계 대명사 what을 쓰고, 어떤 때 that을 쓰지?'
'과거 우리로부터 문화를 전수받았던 일본이, 어떻게 우리를 침략할 수 있을 만큼 강력해진 거지?' 하며,

나만의 질문을 가지고 수업에 들어가야 한다. 이러한 질문들은 수업 내용의 본질에 관련된 질문일수록 좋지만, 개인적인 궁금증이어도 괜찮다. 이렇게 나만의 질문이 전제된 수업 시간은 당연히 그 **질문에 대한 답을 얻기 위한 시간**이 되고, 보다 **집중하는 시간**이 되며, 학습 내용의 응고 효과가 크다.

> 예습은 선행학습과는 다르다. 선행학습이 학교 수업과 동일한 수업을 미리 들어두는 것이라면, 예습은 내일 수업에서 배울 내용에 대해 '아, 이런 내용을 이런 순서로 배우는구나' 하며 수업의 큰 주제와 순서를 파악해 두는 작업이다. 또한 수업에 관한 큰 그림 형성과 더불어, 수업 곳곳에서 더 집중할 수 있도록, 스스로 질문을 만드는 작업이다. 실제 수업 내용은 이러한 큰 그림과 나만의 질문에 의미 있는 연결을 맺으며 들어앉게 된다.
>
> 연구자들은 이렇게 학습 내용의 주제와 구조를 미리 파악해 두고, 그 내용에 관해 궁금증을 가진 상태에서 하는 학습이, 수동적으로 듣는 학습보다 훨씬 높은 성적을 가져옴을 수없이 확인해 왔다.

위의 말들이 이해가 가시나요? 그랬다면 정말 다행입니다. 이 책을 평가하기 위해 앞부분만 읽어보실 분들이라도, 무언가 하나쯤은 얻어 가셨으면 하는 마음에 지금까지의 글을 준비했습니다. 부디, (선행학습이 아닌) 짧은 예습이 가지는 효과와 중요성만이라도 기억하셨으면 합니다. 이것은 하기 쉽고 시간도 적게 들지만 효과는 매우 높은, **인지-메타인지 학습 시스템의 첫 번째 전략**입니다.

제2장
인지-메타인지 학습 시스템

♦

세상의 진정한 비극은 옳고 그름 사이의 갈등이 아니다.
바로 두 옳음 사이의 갈등이다.

Genuine tragedies in the world are not conflicts between right
and wrong. They are conflicts between two rights.

- 게오르크 빌헬름 프리드리히 헤겔(정반합의 변증법을 주창한 철학자) -

이 책의 주제인 인지-메타인지 학습 시스템을 소개해 드리겠습니다. 순서는 다음과 같습니다.

1. 인지(Cognition) 그리고 인지적 학습법
2. 메타인지(Metacognition) 그리고 메타인지 학습법
3. 인지-메타인지 학습 시스템

인지(Cognition) 그리고 인지적 학습법

인간의 정신 작용은 크게 두 가지로 나뉩니다. 그것을 일상의 용어로는 **생각과 마음** 정도로 나누어 부를 수 있습니다. 생각은 우리가 **어떤 정보를 처리하는 과정 혹은 그 결과물**을 의미합니다. 우리가 "생각 중이야"라고 말할 때는, 어떤 생각의 대상이 있고 그것에 대한 의사 결정이나 판단을 하고 있음을 의미합니다. 혹은 "생각났어"라고 말한다면 어떤 해결책이나 과거에 대한 기억이 떠올랐음을 의미합니다. 이처럼 우리가 수행하는 **정보 처리 과정 혹은 그 결과물**을 일상에서는 생각이라 부르고, 심리학에서는 **인지**라고 부릅니다. 그래서 인지심리학이라 하면 인간이 정보를 뇌 속에서 어떻게 처리하는지, 그리고 이때 인간이 보이는 특징이 무엇인지를 연구하는 심리학 분야를 말합니다.

인지심리학의 중요한 연구 주제 중 하나는, **우리가 습득한 정보를 어떻게 단기 기억에서 장기 기억으로 옮기고 응고시키는가** 하는 것입니다. 특히 인지심리학자들은 장기 기억 속에 정보를 효과적으로 응고시키는 방법에 관심이 많았습니다. 인지심리학자들이 밝혀낸, 인지적으로 효

과적인 학습법 몇 가지를 말씀드리면 다음과 같습니다.[6]

1. 새로운 정보를 내가 이미 가지고 있던 다른 정보와(가령, 배경지식이나 자기 사례와) 연결하기[7]
2. 새로운 정보가 가진 핵심과 맥락을 먼저 파악해 두기[8]
3. 학습의 수단으로서 시험이나 모의고사 보기: 테스팅 이펙트 Testing Effect 혹은 시험 효과[9]
4. 일정한 시간 간격을 두고 학습하기, 가령, 한 번에 7시간이 아니라, 하루 1시간씩 7일 동안 학습하기: 스페이싱 이펙트 Spacing Effect 혹은 간격 효과[10]
5. 기억해야 할 정보를 스스로 만들기, 가령 예상 시험 문제 만들기: 제너레이션 이펙트 Generation Effect 혹은 생성 효과[11]
6. 주어진 정보에 대한 이미지 떠올리기[12]
7. 학습 순서를 일부러 뒤섞기: 인터리빙 이펙트 Interleaving Effect[13]
8. 학습 내용을 설명해 보기[14]
9. 주어진 정보의 순서와 구조를(내게 더 말이 되는 방식으로) 재구성하기[15]
10. 학습 내용을 마인드 맵 Mind Map 등으로 요약하기[16]
11. 주어진 정보에는 들어있지 않은, '왜' 혹은 '어떻게'에 해당하는 내용을, 논리적 유추나 자료 조사를 통하여 채워 넣기[17]
12. 기억술 Mnemonics 이용하기[18]: 기억술이란 일련의 정보를 암기하는 것을 돕는 다양한 암기법을 의미하는데, 예를 들어 음료수를 뜻하는 영단어 Beverage를 외울 때 "음료수 많이 먹으면 베버리지"처럼 외우거나, 한자 목숨 수 壽를 외울 때 "사일(士一)이와 공일(工一)은 구촌(口寸) 지간이다"처럼 외우는 방법이 그 예입니다. 내가 외워야 할 대상의 본질적 의미와 관련이 없는 특징을 활용하는 기억 방법입니다.

위에 소개된 인지적 학습법 중 세 가지에 대해서만 더 살펴보겠습니다.

첫째, 새로운 정보를 내가 이미 가지고 있던 다른 정보와(가령, 배경지식이나 자기 사례와) 연결하기

찰흙을 이용해 큰 작품을 만들기 위해서는 뼈대가 필요합니다. 그 뼈대에 조금씩 찰흙을 붙여 나가야 하는 것입니다. 마찬가지로, 새로 습득한 정보가 우리의 장기 기억 속에서 잘 응고되기 위해서는, 그 정보가 엉겨 붙을 무언가가 있어야 합니다. 그리고 그 무언가는 바로 새로운 정보와 관련된 사전 지식 혹은 배경지식입니다.

이러한 배경지식의 중요성을 보여주는 실험 하나를 소개하겠습니다. 이 실험에서 참가자들은 어떤 인물들에 대한 낯선 정보를 배웁니다. 가령 어떤 사람에게 자식이 몇 명 있다든지, 음식은 무엇을 좋아했다든지 하는 정보를 배우는 것입니다. 그 후 이 낯선 정보에 대한 시험을 봐야 했습니다. 그런데 이 실험에는 두 개의 조건이 있었습니다. 하나는 그 정보의 대상이 되는 인물이 세종대왕이나 이순신 장군처럼 유명인인 조건이었고, 다른 한 조건은 무명인인 조건이었습니다. 즉, 이 두 조건 사이의 차이는, 실험 참가자가 새로운 정보를 배우게 될 그 인물에 대해 **어떤 배경지식을 미리 가지고 있었는가 그렇지 않은가**의 차이였습니다.

만약 실험 참가자가 어떤 인물에 대해 미리 가지고 있던 배경지식이, 그 사람에 관한 새로운 정보를 학습하는 데 중요한 역할을 한다면, 참가자들은 첫 번째 조건(유명인 조건)에서 더 높은 기억 점수를 보일 것입니다. 하지만 배경지식이 새로운 정보를 습득하는 것과 무관하다면, 유명인과 무명인 두 조건 모두에서의 기억 점수는 유사할 것입니다. 짐작하시다시피, 실험 결과, 유명인에 대한 낯선 지식을 습득하는 경우의 기억 점수가 무명인에 대한 기억 점수보다 높게 나타났습니다. 즉, 어떤 인물에 대해 내가 미리 알고 있던 배경지식이, 그 사람과 관련된 낯선 지식을 습득하고 응고시키는 데 도움을 준 것입니다.

이러한 실험 결과는 앞선 장에서 소개한 것처럼, 수업 전 수업 내용에 관한 적절한 배경지식을 쌓고 그 **배경지식 위에 새로운 정보를 의미 있게 연결 지으며 들어 앉히는 것이 효과적인 학습 전략**임을 시사합니다. 이것은 또한, 학습해야 할 정보를 다른 정보와의 유의미한 연결 없이 되풀이하는 학습 방법들, 가령 반복 읽기나 깜지(빽빽이)라고 부르는 반복 쓰기가 왜 비효율적인지를 설명해 줍니다. 새로 받아들이고자 하는 정보가 정착할 토대가 없는 학습법이기 때문입니다.

둘째, 테스팅 이펙트^{Testing Effect} 혹은 시험 효과

실험 참가자가 학습 내용을 얼마나 잘 응고시켰는지 측정하기 위해, 연구자들은 어느 시점에서든 반드시 실험 참가자의 학습 정도를 테스트해야만 합니다. 이때 간혹 연구자들은 학습자를 여러 번 테스트하기도 했는데, 이 와중에 알게 된 매우 중요한 사실 하나가 있었습니다. 그것은 연구자들이 관심을 두었던 특정 학습법보다, 바로 이렇게 여러 번 **테스트하는 것 자체가 훨씬 놀라운 성적 향상을 가져온다는** 것이었습니다. 그래서 인간의 망각 과정에 관심을 둔 연구자들 사이에서는 실험 참가자를 여러 번 테스트해서는 안 된다!는 지침이 있을 정도입니다. 반대로 말하면, 학습 내용에 대한 시험을 보며 머리 밖으로 지식을 꺼내게 하는 경우, 인간의 망각이 중단된다는 것입니다.

그럼에도 불구하고 테스팅 이펙트 혹은 시험 효과를 적극 활용하기 위해 학습 초반부터 문제를 푸는 학습법은 널리 사용되지 않고 있습니다. 그것은 주로 감정적인 이유 때문입니다. 즉, 새로 배운 내용에 대해 일찍부터 스스로를 테스트하게 되면, 끙끙거리며 어렵게 기억을 떠올려야 하고, 또한 틀리는 경험을 많이 해야 합니다. 이것은 마음 불편한 경험들이고, 일부 사람들은 이러한 방식이 자신의 학습을 방해한다고까지 느낍니다. 그러나 심적으로 불편하고, 자신에게 맞지 않는 것처럼 **느껴진다**고 해서 그 인지적 효과가 사라지는 것은 아닙니다. 실험 결과, '나에게는 일찍 여러 번 테스트하는 것이 비효율적인 학습법이다'라고 주장하는 사람들조차, 일찍 그리고 자주 테스트를 받을수록 더 높은 성적을 나타냅니다. 더불어, 일찍, 그리고 자주 테스트를 받을수록 사람들이 시험에 대해 느끼는 불안감도 줄어듦을 연구자들은 확인했습니다.

인지심리학자들이 연구 대상으로 삼은 효율적 학습법들 중 단연코 높은 그리고 확실한 효과를 보이는 두 가지 학습법이 있었는데, 그 그중 하나가 바로 이 테스팅 이펙트$^{Testing\ Effect}$ (시험 효과) 그리고 이것을 포함하는 보다 포괄적 개념인 인출 연습$^{Retrieval\ Practice}$ 이었습니다(인출 연습은 다음 장에서 보다 자세히 설명 드리겠습니다). 나머지 하나는 바로 아래에 있는 효과입니다.

셋째, 스페이싱 이펙트$^{Spacing\ Effect}$ 혹은 간격 효과

한 번에 몰아서 7시간을 공부하기

vs.

하루 1시간씩 7일 동안 공부하기
(혹은 하루 30분씩 14일간 공부하기)

이 둘 중 어느 쪽의 학습 성적이 더 높을까요? 연구자들은 후자처럼 여러 날에 걸쳐 학습을 나누어 하는 것이 더 효과적임을 발견하고, 학습 사이 사이에 시간 간격을 둘 때 성적이 높아지는 이러한 현상을 **스페이싱 이펙트**Spacing Effect **혹은 간격 효과**라고 부르고 있습니다. 즉, 결과적으로는 **동일한 시간을 공부하더라도**, 여러 날에 걸쳐 시간 간격을 두고 공부한 사람의 성적이 벼락치기를 하는 사람보다 높은 것입니다.

그러나 이렇게 여러 날에 걸쳐 공부하는 것이, 위에서 말한 테스팅 이펙트에서와 마찬가지로 일부 사람들에게는 비효율적으로 느껴지곤 했습니다. 즉, 어떤 사람들은 조금씩 나누어 공부하는 것보다 시험 직전에 몰아서 공부하는 것이, 적어도 자신에게는 더 효과적이라고 믿는 것입니다. 그러나 이러한 믿음을 가진 사람들조차, 실제로는 여러 날에 걸쳐 학습할 때, 자신이 선호하는 벼락치기를 할 때보다 더 높은 성적을 보였습니다. 개인의 느낌과는 관계없이, 우리 인간의 뇌가 더 높은 효율성을 보이는 학습 방식이 따로 존재하는 것입니다.

인지적 학습법의 한계

이상과 같이, 인간 기억에 대한 실험을 바탕으로 효과적 학습법들을 나열한 것을 인지적 학습법이라 할 수 있습니다. 인지심리학자들이 연구해 온 인지적 학습법만 해도 수십 가지가 넘습니다. 연구자들은 이 다양한 학습법들을 어떻게든 정리하고, 효과에 따라 순위를 매겨보려고도 했습니다. 하지만, 위에서 소개해 드린 '**테스팅 이펙트**Testing Effect **혹은 시험 효과**'와 이를 포함하는 **인출 훈련**Retrieval Practice 그리고 '**스페이싱 이펙트**Spacing Effect **혹은 간격 효과**' 등을 제외한 많은 학습법들은 모든 사람과 과목에 공통으로 적용될 수 없었습니다. 경우에 따라 더 적절한 학습법이 서로 달랐던 것입니다.

그런데 설령 인지적 학습법의 우선순위가 절대적이라 하더라도

(가령, A 방법의 효과가 B 방법보다 무조건 좋다고 하더라도) 그러한 내용은 일반 학생들에게는 큰 도움이 되지 않습니다. 왜냐하면 앞서 제가 소개했듯이 인지적 학습법 중 가장 효과적인 일부를 추려냈다 하더라도, 각 학습법의 이름이나 간단한 소개만 가지고는 자신이 매일 무엇을 어떻게 공부해야 하는지 알기 힘들기 때문입니다. 그렇다고 각각의 학습법을 소개한 논문들을 찾아 꼼꼼히 읽고 활용하는 것도 쉬운 일은 아닙니다.

여기서 끝이 아닙니다. 기억을 중시하는 인지적 학습법 외에 인지심리학자들도 최근에 와서야 인식하게 된, 우수한 성적을 위해 반드시 필요한 인지 기능이 밝혀졌는데, 그것은 바로 **메타인지**라는 것입니다. 즉, 단순 기억 이상을 요하는 문제까지 풀기 위해서는 자신의 학습에 대한 객관적 평가와 학습 방법을 적절히 수정해 나가는 능력이 필요한데, 이를 위해 메타인지라는 것을 적극 활용해야 함을 알게 된 것입니다.

이 책은 인지적 학습법과 더불어 메타인지 학습법을 여러분의 공부에 쉽게 적용할 수 있도록 소개하는 책입니다. 제가 읽은 논문의 내용들, 그리고 제가 직접 수업에 적용하며 그 효과를 신뢰하게 된 방법들을 체계적이고 쉽게 따라 할 수 있도록 소개하는 것이 이 책의 역할입니다.

> 🗝️ 인지심리학자들이 밝혀낸, 정보를 효과적으로 응고시키는 학습법을 **인지적 학습법**이라 한다. 그러나 이것을 일상의 공부에 적용하기는 쉽지 않으며, 효과적인 학습을 위해서는 인지뿐만 아니라 메타인지도 적극적으로 활용해야 한다.

쉬어가는 글

앞서 인간의 첫 번째 정신 작용은 **생각**이고, 인지심리학은 바로 그 생각에 대한 학문이라고 말씀드렸습니다. 인간의 두 번째 정신 작용은 **마음**이라고 부를 수 있습니다. "그 생각만 하면 마음이 안 좋아"라고 말할 때에는 미래에 대한 걱정이나 과거의 기억 때문에 현재의 내 기분이나 감정이 좋지 않다는 말입니다.

이 책의 주제인 학습은 인간의 두 가지 정신 작용 중 어느 쪽에 더 가까울까요? 생각에 가까울까요? 아니면 마음에 가까울까요? 아마도 학습이라는 정신 작용 자체는 생각(인지)에 더 가까울 것입니다.

그러나 **인간의 모든 행위는 마음의 큰 영향을 받습니다**. 가령, 우리가 하는 대부분의 학습이 주로 책상에서 일어난다고 해보겠습니다. 그런데 몸을 침대에서 일으켜 책상 앞으로 가져가는 것이 얼마나 힘든지를 우리 모두는 알고 있습니다. '공부해야지' 하고 생각은 하는데 몸이 그 자리에 있는 것은, 공부해야겠다는 생각과 동시에 우리의 마음이 '공부하기 싫어'라며 싸우고 있기 때문입니다.

이러한 싸움의 승자는 대부분 마음입니다. 왜냐하면 마음은 우리가 의도적으로 접근하기 힘든 무의식, 그리고 오랜 시간에 걸쳐 형성된 습관의 영향을 받기 때문입니다. 우리의 무의식은 노력한다고 통제되는 것도 아니고, 또 습관을 바꾼다는 것이 얼마나 힘든지는 여러분도 이미 잘 알고 계실 것입니다. 따라서 이 책이 아무리 실험을 바탕으로 한, 인지적으로 효율적인 학습법을 소개하더라도, 그것이 진심으로 받아들여지지 않는다면 이 책을 읽는 여러분의 행동을 바꾸지는 못할 것입니다.

가령 수업 후 문제 풀이나 설명하기를 통해 자신을 시험해 보는 것이 매우 효과적인 학습법이라는 것을 알아도, 그것이 우리에게 틀리는 경험 혹은 무언가를 아는 줄 알았는데 실제로는 잘 모르고 있었음을 직면하는 경험을 필연적으로 가져오기 때문에, 대부분의 사람은 이런 학습 방법을 싫어합니다. 그 대신 한 번 더 책을 읽거나 인강을 시청하곤 합니다. 그것이 우리의 감정을 상하지 않게 할 뿐만 아니라, '공부를 했다'라는 확신을 주기 때문입니다. 또한 하루 한 시간씩 일주일을 공부하는 것이 시험 전날 7시간을 공부하는 것보다 효율적이라는 것을 알게 되어도, 오랜 시간에 걸쳐 형성된 벼락치기 습관이 있다면 곧 다시 벼락치기를 하게 될 것입니다.

이처럼 생각(인지)뿐만 아니라 마음(무의식과 습관)의 영향을 받는 인간의 행동을 바꾸려면, 인간의 두 가지 정신 작용 모두에 영향을 주어야만 합니다. 즉, 무엇이 효율적인 학습법인지에 관한 생각을 바꿔야 할 뿐만 아니라, 어떠한 마음으로 공부해야 하는지도 바꾸어야 합니다. 이 책은 인지적으로 그리고 메타인지적으로 효율적인 학습법이 무엇인지를 다루고 있습니다. 특히 인지-메타인지 학습 시스템의 원리를 납득할 수 있도록 수많은 실험 증거를 소개할 것입니다. 과거의 저처럼, 공부할 마음은 먹었는데, 어떻게 공부해야 하는지에 대한 조언이 필요하신 분들에게 이 책을 추천 드립니다.

반면, 어떤 마음으로 공부해야 하는지는, 이후에 출간될 **『공부하고 싶은 마음, 공부하기 싫은 마음』**이라는 책에서 따로 다루겠습니다.

자, 그럼 이제, 메타인지에 대해 말씀드리겠습니다.

메타인지(Metacognition) 그리고 메타인지 학습법

앞서 인간의 정신 작용에는 **생각**과 **마음**이라는 두 가지 측면이 있다고 말씀드렸습니다. 메타인지는 이 두 가지 측면의 정신 작용 위에 고루 존재하며 이 둘을 내려다보는 한 차원 높은 정신 작용입니다. 메타인지Metacognition의 메타Meta라는 말 또한 'Beyond' 혹은 'Higher-order'와 같이 '한 수준 높은 차원'을 의미하는 접두사입니다.

    학습이라는 맥락에서 메타인지를 보다 잘 이해하기 위해서는 접두사 메타(Meta)에 'About' 즉, '무엇에 대한'이라는 뜻도 함께 있음을 알면 좋습니다. 앞서 말씀드렸듯 인지Cognition는 생각이라는 뜻이니, 메타인지는 바로 '무언가에 관한 생각'이라는 뜻임을 알 수 있습니다. 그런데 메타인지에서 그 대상이 되는 무언가 역시 '생각'입니다. 즉, 메타인지란 '생각에 관한 생각'인데, 생각이 두 번 들어간 이 표현에서 첫 번째 생각은 **자기가 가진 지식 혹은 계획**을 의미합니다. 두 번째 생각은 자신의 지식이나 계획에 대해 내리는 자신의 **평가**를 의미합니다. 결국, 메타인지란 '**자신이 가진 지식이나 계획 등에 관한 자신의 평가**'를 의미합니다.

일상 생활 속 메타인지 그리고 학문 속 메타인지

저에게는 세 딸이 있습니다. 2025년 현재 세 딸 중 말이 통하는 아이는 9살인 첫째와 7살인 둘째입니다. 이 두 아이에게 제가 다음과 같은 숫자를 외우라고 하고, 그대로 반복하면 작은 선물을 준다고 해보았습니다.

6 1 5 3 9 2 6 1 1 3 3 3

각자 얼마간의 시간을 갖고 학습한 후…

둘째가 준비되었다고 말했습니다. 하지만 테스트를 해보니 아직 이 숫자들을 완벽히 외우고 있지는 못했습니다. 그 후 첫째가 준비되었다고 말했습니다. 테스트 결과 첫째는 자신의 생각처럼 정말 준비되어 있었습니다. 저 숫자들을 다 외울 수 있었던 것입니다. 이럴 때 첫째가 둘째보다 더 높은 메타인지를 보였다고 말할 수 있습니다. 즉, 자신이 학습한 숫자를 얼마나 잘 기억하는지에 대한 스스로의 평가가 더 정확했다는 뜻입니다.

실제로 메타인지라는 용어가 연구자들에 의해 처음 사용되기 시작한 것도 제 딸들과 같은 어린아이들의 인지적 특성을 묘사하기 위해서였습니다. 유치원이나 초등학교 아이들이 어떤 글을 읽은 후, 그 내용을 이해한 정도에 대한 스스로의 평가를 지칭하기 위해 메타인지라는 용어가 사용되기 시작한 것입니다. 이 용어가 처음 사용된 존 플라벨Jhon Flavell의 책 『인지발달』 역시 어린이의 인지 기능 발달에 대한 책이었습니다. 그리고 이 책에는 메타인지뿐만 아니라 메타기억, 메타소통, 메타언어 등 다양한 메타들이 등장합니다. 이 중 우리가 흔히 메타

<생각하는 나(인지), 그리고 스스로 평가하고 고치는 나(메타인지)>

인지를 설명할 때 언급하는 '자기가 무엇은 알고, 무엇은 모르는지에 대한 스스로의 앎'이라는 정의는 사실 메타기억에 가깝습니다.

반면, 메타인지는 메타기억을 포함하는 보다 포괄적인 개념입니다. 마치 인지라는 용어가 기억뿐만 아니라 추론, 의사결정 등을 포함하는 포괄적인 개념인 것처럼 말입니다. 실제로 메타인지는 자신의 지식에 대한 인식뿐만 아니라 그 지식을 얻는 **과정에 대한 성찰과, 학습 방법의 수정까지도** 포함하는 포괄적인 개념입니다. 즉, 내가 어떤 특정 지식을 가지고 있는가(아빠가 준 숫자들을 다 외우고 있는가)에 대한 인지뿐만 아니라 내가 이 숫자를 외우는 데 사용하고 있는 방법이 좋은 방법인가, 아니면 다른 방식으로 외우면 더 잘 외워질까를 고민하고 방법을 수정하는 것까지도 메타인지에 포함됩니다. 가령 모든 숫자를 빠르게 말하던 방법을 버리고, 조금 느리더라도 세 부분으로 끊어가며 외우는 것이 더 잘 외워지는 것 같아 그 방법을 선택할 수 있습니다.

이러한 메타인지가 학습에 미치는 긍정적 영향에 대한 논문이 활발히 나오기 시작한 것은 20여 년 정도밖에 안됩니다. 바로 이러한 연구에 기반하여 **학습자가 메타인지를 적극 활용할 수 있도록 유도하는 학습법을 메타인지 학습법**이라 합니다.

메타인지 학습법

인지적 학습법은 특정 학습 내용을 효율적으로 습득하고 응고시키는 것에 초점을 맞추고 있습니다. 하지만 이러한 인지적 학습법에 따라 여러분이 많은 학습 내용을 잘 기억할 수 있게 되었다 하더라도, 여러분의 성적은 기대에 미치지 못할 수 있습니다.

- 여러분이 공부한 내용이 선생님이나 시험의 출제자가 중요하게 여기는 내용이 아니었다면 어떨까요?
- 혹은 선생님께서 중요하게 생각하시는 내용을 공부했다 하더라도, 선생님께서 그 내용에 대해 여러분에게 바라는 바가 단순 기억 이상의 고차원적 사고 능력이었다면 어떨까요?
- 그리고 결정적으로, 여러분이 선생님께서 중요하다고 생각하시는 내용을, 선생님께서 바라시는 깊이까지 공부했다고 믿고 있을 때, 그것이 여러분의 착각이었다면 어떨까요?

공부의 방향, 깊이, 그리고 내 공부에 대한 스스로의 믿음, 이 중 어느 하나만 어긋나도, 기대만큼 높은 성적을 받을 수 없습니다.

반면 메타인지 학습법은 자신의 학습에 대한 **피드백**을 자주 제공함으로써, 시험에 가장 적합한 형태로 공부해 나가도록 학습 방법을 스스로 **수정**할 수 있게 도와줍니다. 현대 스포츠에서는 전문적 코치가 과학에 기반한 다양한 훈련법을 선수에게 소개하고 그 효과를 꾸준히 평가하며 최선의 훈련법을 찾아 나갑니다. 마찬가지로 메타인지 학습법에서는 **학습자 스스로가 자신의 학습에 대한 코치가 되는 것입니다**.

메타인지 학습법이 강조하는 학습 전략의 일부를 간단히 소개해 드리면 다음과 같습니다.

1. 예습하기
2. 숙제나 연습 문제를 풀 때, 예제나 참고 자료 없이, 마치 시험 보듯 풀기
3. 채점할 때, 답보다 풀이 과정이 맞았는지에 주목하기
4. 예상 시험 문제 출제해 보기
5. 학습 내용을 자신만의 방식으로 정리하고 표현하기
6. 마치 선생님이 된 듯 가르쳐 보기
7. 학습 후 다른 친구들과 학습 내용 혹은 문제 풀이 과정을 토론하기
8. 선생님께 도움 청하기
9. 자신의 학습 방식 파악하기(예: 이미 아는 내용을 반복하는 암기 위주의 공부 방식을 선호하는지, 아니면 선생님처럼 가르쳐 보는 것을 선호하는지)
10. (컴퓨터로 선생님 말씀을 그대로 받아적는 필기보다는) 나만의 언어로 유연하게 핵심을 담은 필기하기
11. 자신의 시험 성적 예상해 보기, 그리고 그 예상 점수를 얻을 가능성 / 자신감 기록하기

그런데, 위와 같이 메타인지 학습법의 일부를 간단히 전해드렸다 해도, 인지적 학습법을 소개해 드렸을 때와 마찬가지로, 여러분의 입장에서는 '그래서 지금 당장 무엇을 어떻게 공부하면 되는데' 하는 의문이 남을 수 있습니다.

> 🗝 메타인지란 '자신이 가진 지식이나 계획 등에 대한 스스로의 **평가**'를 의미하고, 이와 더불어 지식을 얻는 과정에 대한 성찰과 학습 방법의 **수정**까지도 포함하는 포괄적 개념이다. 학습 과정에서 학습자가 메타인지를 충분히 활용할 수 있도록 유도하는 학습법을 **메타인지 학습법**이라 한다.

인지-메타인지 학습 시스템
(Cognitive-Metacognitive Learning System)

✦

대부분의 학습자는 자신에게 익숙한 학습법, 혹은 주변의 권유에 따른 학습법을 선택합니다. 하지만 그 학습법이 과연 자신에게 가장 효과적인지는 객관적으로 평가하기 힘듭니다. 가령 수학을 공부할 때 학생들은 예제 문제를 하나 풀고 그와 유사한 연습 문제들을 연이어 풀곤 합니다. 그 후 또 다른 문제 유형에 대한 예제 문제를 풀고, 또 그와 유사한 문제들을 풀어 나갑니다. 즉, 한 가지 개념 혹은 유형을 마스터한 후, 또 다른 개념이나 유형을 마스터하려 하는 것입니다. 하지만 이렇게 한 유형씩 차례로 공부하는 것보다 여러 유형의 문제가 섞여 있는 문제들을 푸는 것이 더 효과적임이 여러 실험을 통해 입증되었습니다(이를 인터리빙 이펙트라 합니다).

그러나 대부분의 학생은 이러한 비전형적이고, 또한 오답률이 높을 수밖에 없는 불편한 학습법을 선호하지 않습니다. 따라서 그러한 방법이 실제로는 효과가 더 높다는 것도 알 길이 없습니다. 이것은 앞서 말씀드린 것처럼, 최대한 일찍 문제부터 풀기, 혹은 벼락치기 대신 여러 날에 걸쳐 공부하기를 선호하지 않는 학생들이, 이러한 학습법의 탁월한 효과를 알 수 없는 것과 마찬가지입니다. 결국 많은 학생이 무엇이 자신의 뇌에 효과적인 학습법인지를 알지 못한 채, 자신에게 익숙한 혹은 남들이 권유하는 학습법만을 사용하게 됩니다.

그러나 짐작하시다시피, 효율적 학습을 위해서는 무엇이 인지적으로 효과적인 학습법인지에 대한 지식도 갖추고 있어야 하고, 또한 이러한 학습법들을 실제로 시도해 보고 그 결과를 객관적으로 평가하면서 자신의 학습 방향과 깊이를, 결국 자신이 치를 시험에 맞게 조정해 나가는 메타인지 능력도 필요합니다.

이 책에 제시된 **인지-메타인지 학습 시스템**은 인지적 학습법에 관한 연구 결과들을 바탕으로 선별된 가장 효율적인 학습 방법을 자연스레 일상의 학습에 적용할 수 있게 합니다. 이와 더불어 스스로에 대한 잦은 평가를 바탕으로 시험에 최적화된 학습 방향과 깊이를 스스로 찾아갈 수 있게 도와주는 학습 시스템입니다.

그동안 인지 및 메타인지 학습법의 개념을 접했지만, 이러한 학습법을 사용하면 과연 성적이 얼마나 오르고, 또 구체적으로는 무엇을 어떻게 해야 하는지 감을 잡기 힘들었을 분들을 위해 이 책을 썼습니다. 특히, 인지-메타인지 학습 시스템의 효과에 대한 확신과, 손에 잡힐 듯 구체적인 실천 지침을 드리고자 했습니다.

이다음 장인 신(信)의 장에서는 우선 인지-메타인지 학습 시스템의 효과에 대한 증거부터 소개하겠습니다.

본론으로 들어가며: 신해행증(信解行證)

신해행증(信解行證)이라는 말이 있습니다[19]. 어떤 새로운 방법을 받아들여 자신에게 적용할 때 그 성과에 영향을 미치는 네 가지 요소를 말합니다.

신(信): 믿음

해(解): 이해

행(行): 실행

증(證): 깨달음

이 네 가지의 간략한 의미는 다음과 같습니다.
1. 신(信): 내가 사용하려는 방법에 대한 믿음이 있어야 하고,
2. 해(解): 그 방법의 원리가 이해되어야 하며,
3. 행(行): 그 방법을 반드시 직접 실천해 봐야 하며,
4. 증(證): 그 방법에 대한 자신만의 깨달음을 얻는다.

이 책이 소개하는 인지-메타인지 학습 시스템 역시, 그 성과는 여러분의 신해행증(信解行證)에 따라 달라집니다. 따라서, 책의 구성 또한 신해행증(信解行證)을 따라 네 개의 큰 장으로 이루어져 있습니다. 각 장에서 하게 될 이야기는 다음과 같습니다. (무언가를 배우기 전에 내가 무엇을 어떤 순서로 배우는지를 아는 것이 중요합니다. 기억하시죠?)

1. 신(信): 믿음

신(信)의 장에서는 인지-메타인지 학습 시스템을 실제 학교 수업에 적용한 후 학생들의 시험 성적에 나타난 변화를 대학교, 고등학교, 초 / 중 학교로 나누어 보여줍니다.

2. 해(解): 이해

새로운 방법을 접할 때에는 그 방법이 왜 좋은 결과를 가져오는지에 대한 논리적이고 과학적인 이해가 필요합니다. 해(解)의 장은 기억과 학습에 관한 인지심리학의 수많은 연구를 정리하여 소개합니다. 이 내용은 인지-메타인지 학습 시스템에 대한 논리적 근거가 되어줄 뿐만 아니라, 무엇을 어떻게 학습하면 되는지에 대한 구체적 지침을 줍니다. 따라서 이 책의 상당 부분은 해(解), 즉 원리의 이해에 할애되어 있습니다.

3. 행(行): 실행

해(解)의 장에서 소개된 수많은 연구 결과를 정리하여 일상의 학습에 적용할 수 있는 일련의 학습 스케쥴(인지-메타인지 학습 시스템)을 소개하는 대목이 바로 행(行)의 장입니다.

칼 뉴포트Cal Newport의 책 『전과목 A학점 학생들은 이렇게 공부합니다』에서도 잘 나타난 것처럼, 미국 명문대를 최우수 성적으로 졸업하는 학생들은 매일 밤을 도서관에서 보내는 학생들이 아니었습니다. 이들은 오히려 다른 학생들보다 더 많은 시간을 친구들과 어울리고 공부가 아닌 활동에도 많은 시간을 쓰는 학생들이었습니다. 즉, 좋은 성적을 얻는 것과 많은 시간을 공부하는 것은 결코 동의어가 아닌 것입니다. 오히려 이 학생들의 공통된 특징은, 어떻게 공부해야 적은 시간을 들이고도 자신이 배워야 할 것을 제대로 배워내서 높은 성적을 얻을 수 있는지를 깊이 고민하고 자신만의 방법을 찾은 학생들이었다는 점입니다. 이러한 전과목 A학점 학생들의 공부법뿐만 아니라, 최신 인지 과학에 근거한 효율적 학습법을 소개한 행(行)의 장을 통해, 여러분은 전보다 더 많은 여유 시간을 즐기고도, 여러분이 배워야 할 것을 제대로 배워내는 경험을 하게 될 것입니다.

4. 증(證): 깨달음

인지-메타인지 학습 시스템의 효과에 대한 데이터가 여러분에게 믿음을 주고(信), 그 원리 또한 이해한 상태에서(解), 여러분이 그 방법을 직접 실행하며(行) 효과를 체험한다면, 여러분은 '공부'라는 정신 작용에 대한 자신만의 깨달음을 얻게 될 것입니다(證). 이러한 깨달음에 근거해 자신의 학습을 수정해 나가는 것이야말로 가장 이상적인 메타인지라 할 수 있습니다.

그런데 자신의 공부에 대한 깨달음을 얻기 위해서는, 좋은 공부법을 알기만 하는 것으로는 충분치 않습니다. 반드시 직접 실행해 보아야만 합니다. 증(證)의 장에서는 이 책이 제안하는 학습 시스템을 실천하는 데 도움이 될 만한 내용을 추가로 소개하고 있습니다. 이러한 도움들을 바탕으로 반드시 인지-메타인지 학습 시스템을 실천해 보시기 바랍니다. 그 실천의 끝에 자신에게 맞는 과학적 공부법에 대한 깨달음이 자연스레 따라올 것입니다.

제3장
신(信) - 믿음

당신의 믿음이 행동을 결정하고
당신의 행동이 결과를 결정한다.
그러나 우선 믿음부터 가져야 한다.

Your belief determines your action
and your action determines your results,
but first you have to believe.

- 마크 빅터 한센(『영혼을 위한 닭고기 수프』, 저자) -

많은 이들이 학습법을 선택할 때 소수의 사례에 바탕을 둔 학습법을 택하곤 합니다. 어느 대학에 합격한 누군가의 공부법, 혹은 무슨 시험에 합격한 누군가의 이야기를 듣고 따라 해 보는 것입니다. 저 역시 그랬습니다. 하지만 마음속에서는 곧 그것이 자신에게 맞는 효과적 학습법인지에 대한 의구심이 생겨납니다.

'그 사람에게는 맞는 방법일지 모르지만, 나한테도 맞는 방법일까?'

이렇게 불확실한 믿음으로 남을 따라 하면 그것은 결코 좋은 효과를 가져올 수 없습니다. 흔들리는 믿음으로 익숙하지 않은 작업을 꾸역꾸역 하기 때문에 힘만 들 뿐입니다.

어떤 새로운 방법을 소개하는 사람에게는 그 방법이 믿을 만한 것임을 입증할 책임이 있습니다. 이 책을 통해 인지-메타인지 학습 시스템을 소개하는 저 역시, 이 학습 시스템이 여러 학생의 성적을 일정 수준 이상 올려주는 보편타당한 것임을 입증할 의무가 있습니다. 즉, 누구나 이 방법을 따라 하면 성적이 향상됨을 증명해야 하는 것입니다. 신(信)의 장은 바로 이러한 증거 즉, 인지-메타인지 학습 시스템을 사용했을 때 학생들의 성적에 어떠한 변화가 나타나는지에 대한 증거를 소개하는 장입니다.

이 책이 소개하는 학습 방법이 정말로 대다수 학생의 성적을 올려주는지, 그리고 올려준다면 도대체 얼마나 성적을 올려주는지 궁금하지 않으신가요?

대학교 데이터

우선, 제가 가르치는 인지심리학 수업의 성적 변화 데이터를 소개하겠습니다. 이 데이터는 2017년도 가을 학기부터 2020년도 봄 학기에 이르기까지, 총 11번 동안 이루어진 제 인지심리학 수업의 평균 시험 점수를 나타낸 것입니다. 다음 장에 제시된 그래프는 이 전체 데이터를 요약하고 있는데, X축에는 각 수업에서 이루어진 두 번의 시험이 표시되어 있고, Y축은 각 시험의 성적을 나타내고 있습니다. 각기 다른 밝기를 가진 선들은 각각 다른 학기에 이루어진 수업의 점수를 의미합니다.

우선, Y축의 80점 위치에서 시작하는, 점선으로 된 선을 찾아보십시오. 이 선은 인지-메타인지 학습 시스템을 제 수업에 도입하기 직전인 2016년도의 시험 성적 그래프입니다.

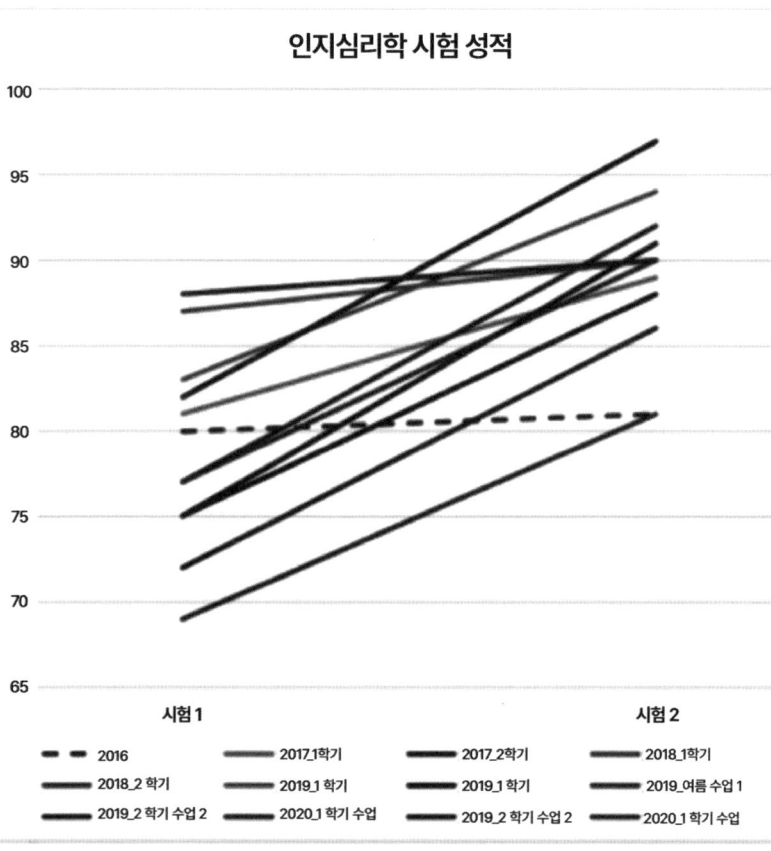

<인지심리학 수업 시험 성적 그래프>

점선으로 표시된 2016년도의 그래프를 찾으셨나요? 2016년은 제가 인지-메타인지 학습 시스템을 처음 접한 해였지만, 안타깝게도 미처 제 수업에 도입하지는 못했습니다. 이 해의 두 시험 성적 평균은 모두 비슷합니다. 시험 1은 80, 시험 2는 81. 두 번의 시험 성적이 유사했기 때문에 2016년도의 성적 그래프는 수평의 형태를 이루고 있습니다.

이제 2016년도 이후의 성적을 나타내는, 실선으로 표시된 선들을 봐주시길 바랍니다. 선들의 밝기를 조금 다르게 했어도 중첩이 많아 보기 힘든 면이 있습니다. 그럼에도 불구하고 분명히 나타나는 어떤 패턴이 있습니다. 혹시 찾으셨나요? 바로, 시험 1에서 시험 2로 옮겨 가면서 단 한 번도 예외 없이 그래프가 상승한 것입니다. 구체적으로 어느 정도의 성적 향상이 나타났는지 보기 위해 2016년도 이후의 성적을 표로 정리해 봤습니다. 표의 제일 아래에 화살표로 표시된 것처럼 시험 1의 전체 평균은 79%(C+)였고, 시험 2의 전체 평균은 90%(A-)로, 시험 1에서 시험 2로 옮겨 가며 성적이 약 11% 향상했습니다.

Year	시험 1	시험 2
2017_1학기	81	89
2017_2학기	77	92
2018_1학기	87	90
2018_여름방학 수업	77	90
2018_2학기	83	94
2019_1학기	82	97
2019_여름방학 수업 1	69	81
2019_여름방학 수업 2	75	88
2019_2학기 수업 1	72	86
2019_2학기 수업 2	75	91
2020_1학기 수업	88	90
평균	79 %	90 %

11% 성적 향상

　시험 1과 2 사이에 도대체 무슨 일이 있었는지를 이야기하기 전에, 이번에는 제 수업과 유사한 성적 패턴을 보인 고등학교 데이터를 살펴보겠습니다.

고등학교 데이터

아래 자료는 미국 앨라배마주의 한 고등학교 화학 선생님(로렌조 포스터Lorenzo Foster)께서 저에게 사용을 허가해 주신 데이터입니다. 이 선생님은 2024년 미국 남서부 전체를 대상으로 한 교사상도 수상하신 바 있는데, 이 선생님께서 가르치시는 고급 화학 수업 평균 성적이 수년간 전국 평균을 뛰어넘었기 때문입니다.

 이 선생님의 수업에서도 시험 1에서 시험 2로 옮겨 가면서 평균이 눈에 띄게 향상되었는데, 이번에는 22.3%나 향상되었습니다. 시험 3으로 넘어가면서도 약 6.4%의 추가적인 성적 향상이 있었습니다. 게다가 시험 3에서는 꽤 많은 학생이 100점을 맞았지만, 이 선생님의 말씀에 따르면, 그것은 시험 3이 다른 시험에 비해 쉬워서가 결코 아니었습니다. 시험 3 역시 다른 시험만큼이나 어려웠으나, 학생들의 실력이 확연히 향상되어 나타난 결과라는 것입니다.

로렌조 포스터 선생님의 고등학교 화학 수업 데이터			
학생 #	시험 1	시험 2	시험 3
1	73	95	100
2	90	86	100
3	50	90	67
4	83	100	100
5	57	98	93
6	80	85	100
7	50	95	100
8	37	89	100
9	89	100	100
10	47	79	100
11	95	98	100
12	67	74	78
13	39	87	84
14	43	64	95
15	40	90	100
16	85	100	100
17	90	75	100
18	84	94	100
19	67	94	93
20	90	97	93.5
21	100	85	88
22	42	100	100
23	22	86	98
24	99	100	100
25	53	69	100
평균	66.9%	89.2%	95.6%

22.3% 성적 향상

시험 1과 2 사이에 도대체 무슨 일이?

제 인지심리학 수업과 이 고등학교 화학 수업에서, 시험 1과 시험 2 사이에 있었던 일은 바로 **학생들에게 인지-메타인지 학습 시스템을 소개한 것**이었습니다. 그 결과, 학생들의 성적은 ABCD 학점을 기준으로 한 학점(10%) 혹은 두 학점(20%) 이상 향상했습니다.

보다 구체적으로 말씀드리자면, 포스터 선생님은 시험 1 직후, 약 50분에 걸쳐 인지-메타인지 학습 시스템을 학생들에게 소개했습니다. 그리고 이 학습 시스템을 학기가 끝날 때까지 강조하셨습니다. 제 수업의 경우, 시험 1 직후부터 인간의 기억에 대한 이론을 소개하고, 이를 바탕으로 학습 내용을 잘 응고시키는 방법 즉, 인지적 학습법들을 소개했습니다. 더불어 학생들이 자연스레 메타인지를 활용할 수 있도록 수업을 전반적으로 개선했는데, 특히 시험 2를 준비하면서는 학생들에게 특별한 과제를 하나 내주었습니다. 그것은 바로 '**강의 노트 만들기**' 과제였습니다. 이것은 학생들로 하여금 시험 범위 중 약 20%에 해당하는 내용을 마치 선생님이 된 것처럼 직접 **설명**하도록 하는 과제였습니다. 이렇게 자신의 언어로 직접 수업을 해보는 경험은 습득한 내용을 머리 밖으로 꺼내는 인출 훈련을 수반합니다. 그리고 곧 살펴볼 것처럼, 이러한 **인출 훈련**은 기억을 응고시키는 데 탁월한 효과가 있을 뿐만 아니라(**인지적 효과**), 자신이 안다고 생각했지만 실제로는 모르는 내용을 깨닫게 해주는 **메타인지 효과**도 가져다주었습니다.

그 결과, 제 수업에 이 학습 시스템을 도입하기 전인 2016년도에는 시험 1과 2의 성적이 거의 동일했지만 인지-메타인지 학습 시스템을 적용한 이후부터는 시험 1과 2 사이에 11% 정도의 성적 향상이 일어났습니다. 또한, 로렌조 포스터 선생님의 경우처럼, 꾸준히 이 학습법을 강조한 경우, 이후의 시험에서도 지속적인 성적 향상 효과가 일어난 것을 볼 수 있습니다.

왜 시험 1 이후에?

그런데 왜 이 두 수업 모두 학기 초부터 인지-메타인지 학습 시스템을 소개하지 않고, 시험 1 이후에야 소개했을까요? 그것은 저와 포스터 선생님이 모두 샌드라 맥과이어Sandra McGuire 교수를 통해 인지-메타인지 학습 시스템을 알게 된 것과 관련이 있습니다. 이 학습 시스템을 적극적으로 전파하고 있는 맥과이어 교수는 학기 초에는 학생들에게 이 학습법을 소개하지 말라고 당부합니다. 대신 학생들이 기대했던 것보다 낮은 성적을 받곤 하는 첫 시험 직후에 이 학습법을 소개할 것을 권합니다. 그래야 학생들이 큰 관심을 가지고 그 내용을 받아들인다는 것입니다. 저와 포스터 선생님은 바로 이 조언을 따랐던 것입니다.

맥과이어 교수는 자신의 저서 『Teach Students How to Learn』에서 인지-메타인지 학습 시스템을 알게 된 후 성적이 향상한 수많은 학생들의 사례를 소개하고 있습니다. 이 책에 등장하는 학생들은, 제 수업에서처럼 첫 시험 직후에 이 학습 시스템을 만나기도 하지만, 학기 중 다양한 시점에서 이 학습법을 접하기도 했습니다. 중요한 점은 시점과 관계없이, 인지-메타인지 학습 시스템을 만난 학생들의 성적이 비약적으로 향상했다는 점입니다.

자, 그럼 이제 마지막으로 초등 및 중등 학생을 대상으로 한 데이터를 살펴보겠습니다.

초 / 중학교 데이터

2006년부터 약 3년간, 인지 과학계의 거장 헨리 뢰디거를 필두로 한 인지심리학자들이 미국의 한 중학교에서 일련의 실험을 수행했습니다. 그들의 목적은 인지-메타인지 학습 시스템의 핵심 요소 중 하나인 **인출 훈련**의 중요성을 확인하는 것이었습니다. 인출 훈련이란 학습한 내용을 **머릿속에서 끄집어내는 연습**을 말합니다. 책이나 인강을 반복해서 보며 머릿속에 정보를 집어 넣는 과정과는 달리, **문제를 풀거나 가르쳐 보며 머릿속에 든 지식을 머리 밖으로 꺼내고 활용하는 것이 바로 인출 훈련**입니다. 헨리 뢰디거를 비롯한 연구자들은 이러한 인출 훈련이 초 / 중학생의 성적에 얼마나 큰 영향을 미치는지 알아보고자 했습니다.

사실 이 연구자들은 수많은 실험실 연구를 통해 인출 훈련이 가져오는 놀라운 효과를 이미 알고 있었습니다. 예를 들어, 어떤 내용을 배운 후에 그 내용에 대한 문제를 풀며 인출 훈련을 했던 실험 참가자들은, 이들이 문제를 푸는 동안 같은 내용을 반복하여 읽은 다른 참가자들에 비해 꾸준히 더 높은 기억 점수를 얻었던 것입니다. 그러나 실험실에서 발견된, 인출 훈련의 놀라운 기억 향상 효과가 실제 학교 현장에서도 발견될지는 미지수였습니다.

 열한 살에서 열두 살 정도의 초등학생이 듣는 사회 수업 시간에 인출 훈련이라는 학습 요소를 포함함으로써, 정말 연구자들은 이 학생들의 성적을 향상시킬 수 있었을까요?

초등학교 사회 성적 데이터

1년 반에 걸쳐 이루어진 이 연구에서, 연구자들은 학생들이 다음과 같은 세 가지 조건에서 학습하도록 했습니다.

1. 수업 시간 중 학습 내용에 대한 간단한 문제 풀이를 하게 한 경우(인출 훈련 조건)
2. 문제 풀이 대신, 수업 시간에 배운 내용을 단순히 반복해서 읽게 한 경우(단순 반복 조건)
3. 문제 풀이도, 반복 읽기도 하지 않은 경우(무처치 조건 혹은 통제 조건)

예를 들어, 학생들이 이집트, 메소포타미아, 인도, 중국에 대한 총 90개의 사실을 배울 때,

1. 이 중 1/3에 해당하는 30개 내용에 대해서는 연구자들이 수업 초반과 말미에 들어가 의문문 형태로 제시된 문제를 푸는 시간을 가졌고(인출 훈련 조건),
2. 다른 30개의 내용에 대해서는, 수업에서 사용된 것과 같은 평서문 형태의 문장을 스크린에 제시하여 학생들이 다시 한번 있도록 했으며(단순 반복 조건),

3. 나머지 30개의 내용에 대해서는 특별한 조치를 하지 않았습니다(통제 조건).

실험 결과

1년 반 동안 여러 형태로 이루어진 실험 결과를 종합해 보면, 우리가 흔히 사용하는 단순 반복 위주의 학습이 얼마나 비효율적인지가 여실히 드러납니다.

우선, 단순 반복 조건과 인출 훈련 조건을 비교해 보겠습니다. 이 두 조건의 학생들은 서로 완전히 동일한 내용을 동일한 시간 동안 학습했습니다. 하지만 단순 반복 학생들의 시험 성적은, 같은 시간 동안 문제를 푼 인출 훈련 조건 학생들에 비해 10%나 낮았습니다. 미국의 성적 시스템에서, 10%의 성적 차이는 A냐 B냐, 혹은 B냐 C냐의 차이에 해당할 정도로 큰 차이입니다. 같은 시간 동안 같은 내용을 공부한 학생들인데도, 잠깐의 인출을 했는가 하지 않았는가에 따라 한 등급의 성적 차이가 난다는 것은 가슴 철렁한 결과입니다. 대다수 학생들이 사용하는, 하지만 문제 풀이보다 지루한 단순 반복은 힘들고 효율도 떨어지는 참으로 안타까운 학습 방법입니다.

게다가 단순 반복에 대한 더 놀라운 실험 결과는, 바로 단순 반복 조건에 있던 학생들의 성적이 통제 조건에 있던 학생들의 성적과 동일하거나 더 낮기도 했다는 점입니다. 즉, 과거의 저 또한 자주 했듯, 쉬는 시간에 책을 한 번 더 본 것이 아무 효과가 없거나, 아니면 하지 않음만 못했다는 것입니다. (대신, 쉬는 시간에는 방금 수업에서 배운 내용을 잠시 머릿속에 정리하고, 곧 있을 수업을 아주 짧게 준비하는 것이 더 효과적입니다. 그 구체적인 방법은 곧 소개해 드리겠습니다.)

정리하자면, 단순히 내용을 반복하여 머릿속에 한 번 더 집어넣는 것은 시험 성적이라는 측면에 있어서는 거의 아무런 효과가 없음을 의미합니다. 이것은 선행학습의 효과가 없다는 대부분의 국내 연구 결과와도 일맥상통합니다. 즉, 선행학습을 통해 수업과 같은 내용을 미리 한 번 들어둔 학생들과 그렇지 않은 학생들 사이에 아무런 성적 차이가 없다는 것이 대부분의 연구 결과입니다. 반면 방금 살펴본 것처럼, 문제 풀이를 통한 인출 훈련은 학업 성적을 올리는 보다 확실한 방법입니다. 헨리 뢰디거 이후에도 수많은 연구자들이 인출 훈련이 가져오는 성적 향상 효과를 꾸준히 발견함으로써, 인출 훈련은 명실공히 가장 효과적인 공부 방법으로 인지과학계에서 자리매김하고 있습니다. 사실 문제 풀이가 가져오는 탁월한 학습 효과는 누구나 경험해 본 적이 있을 것입니다. 가령 우리는 어떤 문제를 푼 후, 같은 문제를 다시 풀었을 때 그것이 문제로서 갖는 '효력'이 사라져 버림을 경험하곤 합니다. 예를 들어, 쪽지 시험에 나왔던 문제가 시험에 그대로 나왔을 경우, 우리가 쪽지 시험에서 그 문제를 맞혔든 틀렸든, 우리는 시험에서 곧잘 정답을 찾아내곤 합니다. 이것은 인간의 뇌가 문제 풀이 형식으로 받아들인 정보를, 어떤 이유에서인지 무척이나 잘 기억하기 때문입니다.

중학교 과학 성적 데이터

헨리 뢰디거 연구팀은 이듬해에, 중학교(13~14세) 학생들이 유전, 진화, 해부학 등을 배우는 과학 수업을 찾아갑니다. 이곳에서 연구자들은 초등학교 사회 과목을 통해 입증된 인출 훈련의 성적 향상 효과가 중학교 과학 과목에서도 나타나는지 확인해 보고자 했습니다. 즉, 문제 풀이를 하며 정보를 머리 밖으로 꺼내야 하는 인출 훈련 조건과, 단순히 내용을 한번 더 반복하는 단순 반복 조건 사이의 성적 차이가, 과학 과목에서도 나타나는지 알아보고자 한 것입니다. 이와 더불어 연구자들은 이번 연구에서 인출 훈련의 중요성 외에 추가로 알고 싶은 사실이 한 가지 더 있었습니다. 그것은 바로, 만약 인출을 위한 퀴즈를 딱 한 번만 본다면 언제 보는 것이 가장 효과적인가였습니다.

앞선 실험을 소개하며, 인출 훈련 조건에 있었던 학생들이 퀴즈를 통해 학습 내용을 인출했다고 말씀드렸습니다. 이때 학생들은 수업 초반, 수업 말미, 그리고 시험 직전, 이렇게 세 번의 시점에서 인출을 해야 했습니다. 이번 중학교 과학 수업을 대상으로 한 실험에서는, 이 세 시점 모두에서 문제 풀이를 하는 학생 집단과 더불어, 세 개의 시점 중 단 한 시점에서만 문제를 푸는 집단도 포함되어 있었습니다. 이를 통해 연구자들은, 딱 한 번만 문제 풀이를 통한 인출 훈련을 한다면 어느 시점에서 하는 것이 가장 효과적인지 알아보고자 했습니다.

과연 초등학교 사회 과목을 통해 실질적으로 입증되었던 인출 훈련의 성적 향상 효과가 중학교 과학 과목에서도 다시 한번 입증되었을까요? 그리고 딱 한 번만 문제 풀이를 한다면, 어느 시점에서 하는 것이 가장 높은 학습 효과를 가져왔을까요?

실험 결과

중학교 과학 과목을 대상으로 한 이번 실험의 전반적인 결과는 초등학교 사회 과목의 결과와 무척 유사했습니다. 즉, 문제 풀이를 한 인출 훈련 조건 학생들의 평균이 92%였음에 비해, 같은 시간 동안 단순 반복을 통해 내용을 머리에 한 번 더 집어넣었던 학생들의 성적은

79%에 그쳤습니다. 즉, 똑같은 시간을 공부에 투자해도 인출을 했을 때가 다시 한번 정보를 집어 넣을 때에 비해 13%나 성적이 높았던 것입니다.

문제를 푸는 효과적 시점에 관해서는, 물론 세 번의 시점 모두에서 문제 풀이를 한 학생들의 성적이 가장 높았습니다. 그렇지만 세 시점 중 단 한 시점에서만 문제를 풀었던 학생들 중, 세 번의 문제 풀이를 한 학생들만큼이나 높은 성적을 거둔 경우도 있었습니다. 그것은 바로 시험 전날 문제 풀이를 했던 학생들이었습니다. 이러한 연구 결과는, 적어도 시험 직전에는 자신이 배운 내용을 머리 밖으로 꺼내는 인출 훈련을 반드시 해봐야 함을 시사합니다. 게다가 인출이 가져오는 높은 기억 효과는 학습 후 8개월이 지난 시점까지도 유지되었습니다. 그러니 수능처럼 멀리 떨어진 시험을 봐야 하는 학생들은, 책을 반복해서 읽는 회독 공부법보다 정기적으로 인출 훈련을 하는 인출 훈련 학습법을 사용해야 합니다.

> 🔑 인지-메타인지 학습 시스템을 대학교와 고등학교의 실제 수업에 적용한 결과, 전반적으로 10% 이상의 성적 향상이 일어났다. 그리고 같은 시간을 공부하더라도 단순 반복 대신 인출 훈련을 한 초 / 중학생의 성적이 10%가량 더 높게 나타났다.

신(信)의 장을 마치며

이번 장의 내용을 정리하기 위해 두 개의 질문을 드리겠습니다.

1. 이번 신(信)의 장에서 우리는 인지-메타인지 학습 시스템을 사용한 학생들의 성적 향상 효과에 대해 살펴봤습니다. 대학생, 고등학생, 초 / 중학생의 순서로 데이터를 살펴보았는데, 학생들의 **성적이 대략 얼마 정도 향상했는지** 기억나시나요? 만약 기억나지 않는다면 앞의 내용을 다시 한번 훑어보시길 바랍니다.

2. 더불어 이번 장에서 우리는 **인지-메타인지 학습 시스템의 핵심 요소 한 가지**를 만났습니다. 그것은 적어도 다음과 같은 두 가지 방식으로 이루어질 수 있는 것이었습니다:

   A. 제 수업의 '강의 노트 만들기' 과제에서처럼 직접 자신만의 언어로 학습한 내용을 설명하는 방식
   B. 헨리 뢰디거 연구팀이 수업 초반, 말미, 그리고 시험 직전에 부여한 것과 같은 문제 풀이

이렇게 머릿속에 있던 내용을 꺼내는 학습 경험을 무엇이라 불렀는지 기억나시나요?

제 질문에 답하느라 수고하셨습니다. 정답은 다음과 같습니다.

1. 인지-메타인지 학습 시스템의 성적 향상 효과: 최소 10% 이상

2. 설명하기나 퀴즈 풀이를 통해 머릿속에 있던 내용을 꺼내는 학습 경험: **인출(훈련)**

제 질문에 답하시는 것은 물론 번거로운 일일 수 있습니다. '그냥 쭉 책만 읽어도 충분하지' 하는 생각도 드실 것입니다. 하지만 이렇게 습득한 내용을 인출하는 것만큼 효과적인 기억법도 없으니, 제 질문을 너그럽게 받아들여 주시면 감사하겠습니다.

여기까지 책을 읽으시느라 수고하셨습니다.
신(信)의 장에서 접한 내용이 여러분의 뇌 안에서 응고될 수 있도록 적어도 몇 시간, 혹은 하루 정도의 시간을 가진 후에 해(解)의 장으로 넘어가시기를 바랍니다.

제4장
해(解) - 이해

◆

부분을 쌓아 올려서 전체를 이해하는 것이 아니라,
전체를 파악하고 나서 부분을 이해하라.

Do not understand the whole by stacking up the parts.
Instead, grasp the whole first and then understand the parts.

- 노구치 유키오(『초학습법』 저자) -

해(解)의 장은 기억과 학습에 관한 인지심리학의 연구 결과를 정리하여 소개한 장입니다. 특히 수많은 논문 속 데이터를 압축적으로 전달하고 있습니다. 이다음 장인 행(行)의 장은 여기에 소개된 내용을 바탕으로, 구체적으로 무엇을 어떻게 공부해야 하는지 소개합니다.

어쩌면 여러분은 행(行)의 장에 소개된 인지-메타인지 학습 시스템의 구체적 지침이 더 궁금하실 수도 있습니다. 만약 그렇다면 행(行)의 장을 먼저 보고 오셔도 좋습니다. 하지만 행(行)의 장에 소개된 '이렇게 저렇게 공부해 보세요'라는 말을 들어도 왜 그렇게 해야 하는지에 대한 충분한 이해(解)가 없다면, 우리는 무의식적으로 마음에 들지 않는 (효과적) 학습법을 회피하거나 다시 자기 습관대로 공부하게 됩니다. 가령 일찍 문제를 풀어보는 인출 훈련을 하는 대신 책을 한 번 더 읽게 되는 것입니다.

인터넷에도 돈이나 건강에 관한 수많은 비법이 존재합니다. 하지만 사람들은 그것들을 실행에 옮기지 않습니다. 그 방법의 효과를 신뢰하지 못하거나, 그 원리가 납득이 가지 않기 때문입니다. 비록 신(信)의 장을 통해 인지-메타인지 학습 시스템의 효과를 신뢰할 수 있게 되었다 하더라도, 신뢰와 더불어 **원리에 대한 이해**가 있어야만 우리는 실행을 합니다. 이번 해(解)의 장은, 여러분이 인지-메타인지 학습 시스템의 지침들을 행(行)의 장에서 만났을 때 기꺼이 수긍하며 실행으로 옮기실 수 있도록 그 원리를 설명하는 장입니다.

해(解)의 장은 다음과 같은 네 개의 이야기로 이루어져 있습니다.

- 인간의 인지 과정 이야기
- 블룸의 교육 목표 분류 그리고 평가 기준 확인
- 기억 장인들의 학습법
- 선생님의 학습법

첫 번째 해(解): 인간의 인지 과정 이야기

세 개의 기억 저장소

감각 기억 - 단기 기억 - 장기 기억

감각 기억(1~2초) ➡ 단기 기억(20초) ➡ 장기 기억(20초 이상~평생)

세 개의 기억 저장소

여러분에게는 세 개의 기억 저장소가 있습니다. 바로 **감각 기억 - 단기 기억 - 장기 기억**입니다. 이 세 개의 기억 저장소는 인간이라면 누구나 가지고 있고, 매 순간 활용하고 있을 뿐만 아니라, 학습이라는 정신 활동과는 떼려야 뗄 수 없는 매우 중요한 기능입니다.

참고로 인간에게(그리고 대부분의 동물에게) 이렇게 세 개의 다른 기억 저장소가 있다고 해서, 뇌의 세 부분에 기억이 나뉘어 저장되어 있다는 뜻은 아닙니다. 사실 기억이란 뇌 전체에 퍼져있는 뉴런^{Neuron}이라고 불리는 신경 세포들이 동시다발적으로 활성화되면서 일어나는 현상입니다. 따라서 기억이 뇌의 특정 부위에 저장되어 있다는 의미에서 기억 저장소라는 용어를 사용하는 것은 아닙니다.

다만 냉장고에 냉장 칸과 냉동 칸이 따로 있어 어느 칸에 음식을 담아 두는가에 따라 음식의 보존 기간이 달라지는 것처럼, 인간의 뇌에도 마치 서로 다른 보존 기간을 갖는 저장소가 있는 것처럼 보이기 때문에 기억 저장소라는 이름을 사용하는 것입니다.

첫 번째 저장소는 비교적 대용량의 저장소인데, 여기에 저장된 정보들은 대략 1~2초 정도만 유지되었다가 사라져 버립니다(감각 기억).

　두 번째 저장소는 마치 보온/보냉 가방처럼 소수의 정보를 단시간(20여 초) 동안만 매우 신선하게 유지할 수 있습니다(단기 기억).

　세 번째 저장소는 냉장고의 냉동 칸처럼 매우 많은 정보를 수 주 혹은 수십 년 동안이나 유지할 수 있습니다(장기 기억).

감각 기억(1~2초) ➡ 단기 기억(20초) ➡ 장기 기억(20초 이상~평생)

세 개의 기억 저장소 = 3단계의 정보 처리 과정

세 개의 기억 저장소는 우리 뇌 속에서 일어나는 정보 처리의 **단계**이기도 합니다. 즉, 우리가 외부로부터 받아들이는 모든 정보는,

1. 우선 감각 기억에 들어왔다가,
2. 그중 내가 당장 해야 하는 일과 관련된 일부 정보만이 단기 기억으로 전달되고,
3. 다시 그중 일부만이 장기 기억으로 저장되는 것입니다.

이러한 정보 처리 과정을 그림으로 살펴보겠습니다. 아래 그림에서 X축은 정보가 들어온 시점부터 각 기억 저장소에 그 정보가 남아있는 시점까지, 즉 정보의 보관 시간을 나타냅니다. 그리고 Y축은 각 기억 저장소에 정보가 보관되는 용량을 나타냅니다. 그리고, 감각-단기-장기 각 기억 저장소는, 오른쪽으로 갈수록 폭이 좁아지는 사다리꼴 모

양(Ḋ)으로 표현되어 있습니다. 이것은 시간의 흐름에 따라 즉, X축 왼쪽에서 오른쪽으로 옮겨 감에 따라, 각 기억 저장소 안에 포함된 정보의 양이 조금씩 줄어든다는 뜻입니다. 가령 어떤 기억 저장소에 처음 저장된 정보의 양이 100이라 하면, 일정 시간 후에는 30 혹은 10만큼만 남아있는 것입니다.

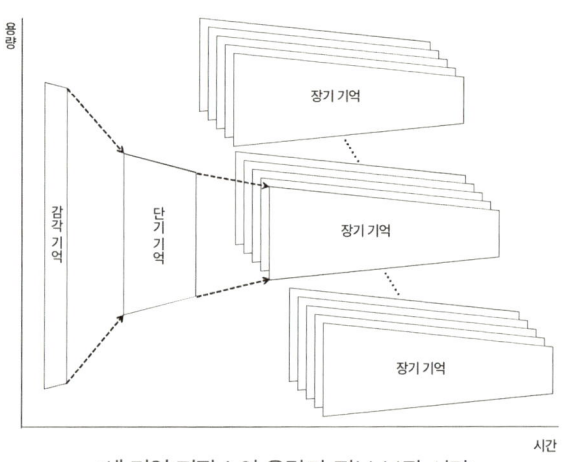

<세 기억 저장소의 용량과 정보 보관 시간>

정보가 처리되는 순서 즉, 감각 - 단기 - 장기 기억의 순서에 따라 각 기억 저장소의 특징을 살펴보면 다음과 같습니다.

1. 감각 기억: 우리는 환경으로부터 들어오는 모든 정보를 우선은 잠시라도 다 받아둘 수 있어야 합니다. 그러고 나서 중요한 정보를 선택해야 하지, 처음부터 일부 정보만을 받아들일 수밖에 없다면 중요한 정보를 놓치는 일이 많을 것입니다. 따라서 우리에게는 매우 큰 용량의 1차 정보 저장소가 존재합니다. 그것이 바로 감각 기억입니다.

　그러나 우리는 매 순간 감각 기억으로 들어오는 수많은 정보를, 필요 없는 정보들까지 모두 다 오래 가지고 있을 필요는 없습니다. 앞서 들어온 것 중, 중요한 것만 따로 뽑아낸 후, 이 감각 기억을 비워줘야 새로운 정보가 또 들어올 수 있습니다. 따라서 감각 기억은 수많은 정보를 매 순간 받아들이고, 주요 정보만을 뽑아낸 후, 나머지는 비워내는 중요한 역할을 수행합니다. 정리하자면, 우리가 환경으로부터 받아들이는 모든 정보는 바로 이 첫 번째 기억 저장소인, **매우 큰 용량**을 가진 감각 기억에 **1초 정도**만 보관됩니다.

2. 단기 기억: 감각 기억에 약 1초 정도 유지되었던 수많은 정보 중 지금 당장 나에게 중요한 일부 정보만이, 이후에 소개할 **주의 선택** 과정을 거쳐 따로 보관됩니다. 감각 기억에서 따로 선택된 정보들이 잠시 보관되는 저장소가 바로 단기 기억입니다. 보통 4개 정도의 소수 정보만이 감각 기억에서 선택되어, 약 20여 초간 단기 기억의 보호를 받습니다.

보통 이렇게 격리 조치된 정보는 단기 기억 안에서 가만히 쉬지를 못합니다. 우리가 이 정보를 이용해 어떤 인지적 작업을 수행하곤 하기 때문입니다. 가령,

- a) 방금 들은 선생님의 말씀을 잘 필기해두기 위해 그 말씀을 되뇌며 필기한다든지,
- b) 수학 문제를 읽으며 그 문제가 묘사하는 상황을 동시에 연상한다든지,
- c) 혹은, 칠판에 적힌 선생님의 문제 풀이를 보며 '내 생각과는 다른데?' 하며 차이를 분석한다든지,

이렇게 방금 들어온 정보를 활용하며 어떤 인지적 작업을 하는 것입니다. 이렇게 단기 기억은 지금 당장의 정보 처리를 위해 필요한 재료를 잠시 머릿속에 올려놓는 인지적 작업대의 역할을 하기에, 단기 기억을

작업 기억이라고도 부릅니다.

3. 장기 기억: 인지적 작업대, 즉 단기 기억에 잠시 격리된 정보에 대해 어떤 인지적 작업을 계속하다 보면 마침내 그 정보들이 장기 기억으로 옮겨가기 시작합니다. 앞 페이지에서도 언급한 바와 같이, 이러한 인지적 작업에는 여러 형태가 있습니다.

- 단순 반복하여 읽거나 쓰기
- 주어진 정보를 시각적으로 떠올리기
- 정보 속의 공통점이나 차이점 분석하기
- 새로운 정보를 내가 이미 가지고 있던 다른 정보와(가령, 배경지식이나 자기 사례와) 연결하기
- 주어진 정보에는 들어있지 않은, '왜' 혹은 '어떻게'에 해당하는 내용을 논리적으로 유추해 보기
- 요약하기

(위의 인지적 작업은 이전 장에서 인지적 학습법을 소개하며 언급한 인지 활동들이기도 합니다. 다만 앞 페이지에서 언급한 a), b), c) 세 사례에 맞춰 순서만 조금 바꿨습니다)

단기 기억 속에서 이러한 인지적 작업을 거쳐 장기 기억으로까지 들어온 정보는, **그 전부가 영원히 보관될 수 있습니다**. 그만큼 장기 기억은 큰 용량과 긴 보존 시간을 가지고 있습니다. 다만, 단기 기억 속에서 장기 기억으로 정보를 보내기 위해 우리가 어떠한 인지적 활동을 했는가에 따라, 가령 단순 반복을 했는가 아니면 문제 풀이를 통한 인출 훈련을 했는가에 따라 기억 효율성이 매우 큰 차이를 보이는 것입니다.

여러분이 공부하시는 모든 내용도 처음에는 감각 기억으로 들어왔다가, 그중 일부만이 선택되어 단기 기억(작업 기억)에 잠시 보관되고, 이 임시 선별된 정보에 다양한 학습 방법을 적용하면 장기 기억으로까지 옮겨가게 됩니다. 여기서 우리에게 중요한 질문들이 있습니다.

질문 1. 감각 기억으로 들어오는 그 수많은 정보 중 어떤 것이 선택되어 단기 기억으로 넘어가는가?

질문 2. 단기 기억 속 정보에 어떠한 인지적 작업을 해야만, 즉, 어떤 방식으로 공부해야만 가장 효과적으로 그것을 장기 기억 속에 응고시킬 수 있는가?

질문 3. 수많은 정보를 가진 장기 기억 속에서 보다 쉽게 정보를 꺼내려면 무엇을 해야 할까?

이러한 질문들에 대한 해답은 바로 각 기억 저장소의 특징 속에 숨어 있습니다. 따라서 우리는 지금부터 각 기억 저장소의 특징들을 좀 더 자세히 살펴보며 그 답을 찾아갈 것입니다. 미리 그 해답들의 키워드를 말씀드리면 다음과 같습니다: '**주의**', '**연결 학습법**', 그리고 '**예습**.'

> 🔑 우리가 접하는 모든 정보는 감각 기억 안에 약 1초간 보관된다. 그중 선택된 4개 정도의 정보만이 20여 초간 단기 기억(작업 기억)에 보관된다. 그리고 단기 기억 속 정보에 대해 적절한 인지적 작업을 수행할 경우, 그 정보는 장기 기억으로 옮겨져 영원히 보관될 수 있다. 그러나 단기 기억 속 정보에 대해 어떠한 인지적 작업을 했는가에 따라 장기 기억 속 기억 효율성은 큰 차이를 보인다.

질문 1.
감각 기억으로 들어오는 그 수많은 정보 중 어떤 것이 선택되어 단기 기억으로 넘어가는가?

감각 기억이 우리가 환경으로부터 받아들이는 **거의 모든 정보**를 담아 둘 수 있다고는 하지만, 이 정보 전체가 무서운 속도로(1초 내외의 시간 안에) 사라지기 때문에 우리는 평소에는 감각 기억이라는 것이 있는지조차 인식하지 못합니다. 그러나 감각 기억의 예는 일상에서도 쉽게 찾을 수 있습니다. 수학이나 과학 문제 중 그림이 있는 문제를 풀 때, 우리는 문제를 읽다가 잠시 그림을 흘깃 보고 또다시 문제를 읽곤 합니다. 이때 흘깃 본 그림이 다만 10초 만이라도 우리의 감각 기억 속에 남아있다면, 우리는 그렇게 자주 그림을 흘깃거릴 필요가 없을 것입니다. 그러나 현실에서는 눈만 돌리면 방금 봤던 그 이미지가 순식간에 뇌리에서 사라져 버립니다. 이것은 시각이나 청각과 같은 감각 기관을 통해 우리에게 들어오는 정보가, 1차 정보 저장소인 감각 기억에서 아주 잠시만 저장되었다가 빠르게 사라져버림을 의미합니다.

또다른 예로서, 잠시 눈을 들어 주변을 살펴보시길 바랍니다. 우리는 순식간에 주변을 눈에 담을 수 있지만, 매우 세세한 정보까지는 뇌리에 그리 오래 남아있지 않습니다. 그런데 어떠한 이유에서건 주변을 살필 때 풍경 속 어떤 부분에 주의를 더 기울인다면, 그 부분의 정보만은 꽤 오래 기억할 수도 있습니다. 왜냐하면 감각 기억 속에서 순식간에 사라지려던 그 정보가 '주의의 선택'을 받아 단기 기억으로 옮겨지기 때문입니다.

즉, '감각 기억으로 들어오는 그 수많은 정보 중, 어떤 것이 선택되어 단기 기억으로 넘어가는가?'에 대한 간략한 답변은 바로 **자발적으로 주어진 주의**를 받은 정보가 선택되어 단기 기억으로 넘어간다'입니다.

문제는 이 주의라는 것이 꼭 내 의지로만 조절되지는 않는다는 점입니다.

반만 내 편인 주의(注意)

인간의 뇌는 지속적으로 정보를 처리하려는 속성을 가지고 있습니다. 잠시도 쉬지 않고 무언가를 생각하고, 보고 듣고 느끼고자 하며, 그 의미를 파악하여 주어진 맥락에 맞는 어떤 행동까지도 하려고 합니다. 특히 주변으로부터 들어오는 정보가 우리의 본능 충족과 관련이 있거나 혹은 우리가 좋아하는 어떤 가치와 직접적으로 연결된 경우, 주의는 우리의 의사와는 관계없이 끌려가게 되어 있습니다.

가령, 여러분이 잠시 고개를 들어 바라본 풍경 속에 움직이는 물체가 딱 하나만 있었다면, 그 움직이는 물체는 손쉽게 우리의 주의를 끌어갑니다. 가만히 있는 물체보다 움직이는 무언가가 우리의 생존에 보다 밀접하게 연관되어 있기 때문입니다. 또, 배가 몹시 고픈 상태에서는 주의가 저절로 먹을 것으로 향하고, 마음속에 큰 근심이나 걱정이 있다면 이 보이지 않는 걱정거리가 여러분이 가진 모든 주의 자원을 빼앗아 갈 수도 있습니다. 따라서 이러한 상태에서 공부한다면, 학습하고 있는 내용 중 극소수만이 감각 기억에서 단기 기억으로 옮겨 갈 수밖에 없습니다.

주의에도 주의(경고)를 주어야

다행히 우리 인간에게는 우리가 가진 한정된 주의 자원을 효과적으로 사용하기 위해, 어떤 속성을 가진 정보는 자동으로 선택하고, 그 속성이 없는 다른 정보는 자동으로 걸러내는 기능도 있습니다. 이것을 정보에 대한 **필터링 기능**이라고 합니다. 가령 놀이동산에서 아이를 잃어버린 부모가 인파 속에서 아이를 찾는다고 해보겠습니다. 그곳에서 흰옷을 입은 아이를 찾으려는 엄마의 눈에는 흰옷을 입은 아이만 눈에 들어옵니다. 그리고 이 흰옷을 입은 아이들에 대한 정보는 두 번째 기억 저장소인 단기 기억으로 옮겨져 더 복잡한 의사 결정을 거치게 됩니다(내 아이가 맞나). 반면 아이가 어떤 옷을 입었는지 모르는 아빠라면, 흰옷을 입었든 검은 옷을 입었든 작은 사람만 눈에 들어옵니다. 이러한 아빠의 정보 처리 과정은 엄마의 과정보다 훨씬 비효율적입니다.

　수업에 임할 때나 공부를 할 때에도, 자신이 어디에 주의를 기울여야 하는지를 미리 알고 있는 것이 매우 중요합니다. 가령 '선생님께서 오늘 무엇 무엇을 말씀하실 것이다'라는 것만 알아도 그 예상 내용이 나왔을 때 우리의 주의는 자연스레 그리로 향하게 됩니다. 즉, 어떤 내용에 주의를 집중해야 하는지, 자동으로 필터링이 일어나는 것입니다. 더불어, 오늘 선생님께서 하실 말씀 중 자신이 모르는 내용이 무엇인지 미리 알 경우, 우리의 주의는 특히 그 내용을 놓치지 않으려 듭니다. '나 이거 뭔지 잘 몰라…'하는 것을 분명히 알 때, 인간의 뇌는 그 내용을 귓등으로 넘겨듣지 않게 되는 것입니다.

하지만 선생님께서 오늘 수업에서 무슨 이야기를 하실지, 어떤 순서로 수업이 진행될지를 전혀 모르는 상태에서는, 처음부터 끝까지 선생님의 말씀에 귀 기울이려고는 하나 곧잘 본능이나 그 순간의 주의를 끄는 딴생각에 사로잡히곤 합니다. 따라서 우리는, 앞서 '책의 가치 판단을 위해 앞부분만 읽으실 분을 위한 글'에서 소개해 드렸듯 예습을 수업 하루 전에 늘 해야 합니다. 이를 통해 선생님께서 수업 시간에 무엇을 먼저 말씀하실 것이고, 그다음은 무엇을 말씀하실 것인데, 그중 나는 무엇을 잘 모르는지를 파악해 둔 상태에서 수업에 임해야, 주의가 가지는 자동 필터링 기능을 십분 활용할 수 있습니다.

마찬가지로, 혼자 공부를 할 때에도 우선은 무엇을 공부하고 그다음은 무엇을 공부할지에 대한, 스스로의 공부에 대한 길잡이가 있어야만 합니다. 이것은 10분은 문제를 풀고, 10분은 틀린 문제를 설명해 보고 하는 식의 공부 계획을 말하는 것이 아닙니다. 자신이 혼자 공부를 하더라도, 우선은 무엇에 대한 지식을 얻고, 그다음은 무엇을 알아갈지를 스스로 미리 정해두어야 한다는 것입니다. 스스로의 공부에 대한 이러한 길잡이는 우리의 주의 기능에 대한 주의(경고) 장치가 되어 어디에 정신 에너지를 우선적으로 쏟아야 할지, 그다음으로는 어디에 쏟아야 할지를 자동으로 인도해줍니다.

주의 기능 회복을 위한 최고의 휴식 방법

비록 예습이나 스스로의 학습 길잡이를 통해, 자신의 주의가 어디로 향해야 할지에 대한 필터를 설치해 놓았다 하더라도, 하루를 보내며 시간이 지날수록 우리의 주의 집중 기능은 조금씩 떨어지게 마련입니다. 떨어진 주의력을 회복시키고자 할 때, 우리는 무엇을 해야 할까요?

호흡 명상법

뇌를 쉬게 하고 주의 집중력을 회복하는 가장 효과적인 방법으로는 명상이 있습니다. 대표적인 명상법은 호흡에 집중하는 호흡 명상입니다. 이것은 코에 주의를 집중하여 숨이 들어오고 나가는 것에만 잠시 의식의 초점을 맞추는 명상법입니다.

　호흡 명상은 졸려서 멍한 상태가 되는 것도 아니고, 그렇다고 애써 노력하는 상태도 결코 아닙니다. 다만 코로 드나드는 숨에만 주의를 집중하고, 몸과 마음은 편안한 상태로 머무는 것입니다. 호흡 명상을 하는 동안 여러 생각이 떠오르거나 졸음이 몰려오고, 몸의 곳곳에서 불편한 느낌이 올라오는 것은 매우 흔한 현상입니다. 그러니 이러한 흔한 일에 절대 자책감을 느끼지 마시길 바랍니다. 호흡 외의 이러한 여러 감각들을 내가 의식하고 있다는 것은, 잠시 내 주의가 호흡이 아닌 다른 곳을 향했음을 의미할 뿐입니다. 가만히, 편안한 마음으로 다시 의식과 주의를 내가 정한 곳, 즉 호흡으로 되가져 오는 연습을 꾸준히 하시면 됩니다.

　가령, 호흡 명상 중 떠오르는 딴생각을 이어가는 대신, 딴생각을 하는 자신을 눈치챘다면 다시 호흡으로 주의를 집중합니다. 졸음이 몰려온다면, 자신이 지금 졸린 상태임이 인식된 직후, 곧바로 다시 주의를 호흡으로 가져갑니다. 다리나 몸 곳곳에서 어떤(불편한) 감각들이 올라온다면, 그에 반응하는 대신 자신의 의식이 호흡이 아닌 다른 곳으로 잠시 향했음을 알아차리고 다시 코끝의 호흡으로 주의를 되가져오는 연습을 하는 것입니다. 바로 이것이 호흡 명상법입니다.

다시 한번 말씀드리지만, 명상 중 잡생각이 드는 것, 졸음이나 통증을 느끼는 것은 너무나도 자연스러운 일입니다. 우리가 이미 배웠듯, 인간이 가진 감각 기억은 이러한 모든 감각들을 하나도 놓치지 않고 우선은 다 받아들이고 잠시나마 담아둡니다. 그러나 주의의 선택을 받지 않는 한, 이러한 모든 감각은 오래 지속되지 않습니다. 반대로 우리의 주의가 그곳으로 향해 있는 한, 그것은 단기 기억을 거쳐 장기 기억으로까지 넘어가게 됩니다. 그러니, 졸음이나 통증이 느껴지고 잡생각이 떠오른다면, 아무런 죄책감을 느끼지 마시고, 가만히 의식과 주의를 호흡으로 되돌려 오시면 됩니다.

충족되지 않은 강한 욕구들은 불쑥불쑥 우리의 의식을 사로잡을 것입니다. 그것이 생존을 위한 욕구의 역할이기 때문입니다. 그러나 5분, 10분 가만히 앉아 호흡에 집중한다고 절대 큰일이 일어나지 않음을 우리는 알고 있습니다. 그러니 명상하는 5분~10분의 시간만큼은, 호흡만이 우리가 필터링해야 할 유일한 정보임을 스스로에게 주지시키고, 지속적으로 주의를 호흡으로 가져오는 연습을 해 보시기를 바랍니다.

이러한 호흡 명상은 뇌에게는 이상적인 쉼의 형태입니다. 바쁘게 많은 정보를 처리하려고 드는 뇌에게, '호흡만 감지하면 돼' 하고 아주 간단한 과제 하나만을 요구하기 때문입니다. 또한 호흡 명상은 자신이 원하는 곳으로 주의를 옮기고 유지하는, 주의 집중력을 기르는 탁월한 훈련 방법입니다. 그러니, 원하는 장소에서 원하는 시간만큼 자유롭게 호흡 명상을 해 나가시길 바랍니다.

뇌를 쉬게 하고, 다시 공부할 수 있는 주의력을 충전하기 위해서는, 매 순간 정보를 처리하려는 **뇌가 잠시라도 정보를 처리하지 않을 수 있도록 해야** 합니다. 절대 유튜브 쇼츠, 틱톡, 인스타그램 릴스를 보며 순식간에 많은 정보를 뇌에 주입해서는 안 됩니다. 쇼츠, 틱톡, 릴스가 세상에 나온 지 얼마 안 되었지만, 연구자들은 이미 이러한 영상들이 뇌에 얼마나 자극적인지, 뇌가 그것을 얼마나 빨리 선호하게 되는지를 밝혀 세상에 알리고 있습니다. 쇼츠, 틱톡, 릴스를 보며 휴식을 취한 후에 다시 공부를 시작한다는 것은, 뇌에게는 전력 질주 후 다시 중노동을 시작하는 것과 마찬가지인 셈입니다.

주의 기능을 극대화한 독서법: 메타인지 독서법

혹시 여러분은 책 한 페이지를 다 읽고 나서 '어, 내가 방금 뭘 읽었지?' 하는 생각이 든 적이 있으신가요? 그래서 그 페이지를 다시 읽어야 했던 기억 말입니다. 많은 경우 이러한 일이 일어나는 것은 책의 내용이 어려워서만은 아닙니다. 그보다는 우리가 글의 내용이 아닌, 머릿속에 떠오르는 다른 생각들에 주의를 빼앗겼기 때문입니다.

그런데 이상한 것은 분명 우리의 눈이 글을 따라가며 단어 하나하나의 뜻을 이해하고 있었다는 사실입니다. 그럼에도 한 단락, 혹은 한 페이지를 읽은 후에는 방금 무엇을 읽었는지 알지 못하곤 합니다. 이것은 단어를 읽는 인지적 행위가 매우 자동화되어 있기 때문에 일어나는 일이기도 합니다. 즉, 여러분에게는 어떤 간판을 보고 그 상호를 읽지 않는다는 것이 불가능할 정도로, 단어를 읽는 기능이 자동화되어 있습니다. 그래서 여러분의 눈이 글을 따라가는 한 단어의 뜻은 자동으로 인식됩니다.

문제는 글쓴이가 전하고자 하는 생각이나 정보는 최소 문장 수준에서 전달되고, 보통은 문단 수준에서 전달된다는 것입니다. 따라서 글을 읽고 글쓴이가 전하려는 생각 전체를 이해하기 위해서는, 단어 수준의 이해를 훨씬 넘어선, 적어도 문단 수준의 메시지들을 파악해 나가야 합니다. 바로 이러한 문단 수준의 의미 파악을 효과적으로 하기 위해 『이과형 두뇌 활용법』의 저자 바버라 오클리[Barbara Oakley]는 다음과 같은 글 읽기 방법을 제안했습니다.

메타인지 독서법

첫째, **읽을 내용에 대한 큰 그림 갖기**: 글을 읽기 전에 목차, 큰 제목, 작은 제목, 그림, 표, 단원 요약 등을 훑어보며 곧 내가 읽을 내용의 전체적 흐름을 파악합니다. 이러한 단서들 즉, 목차, 제목, 그림/표 등이 없는 글(예를 들어, 10개의 문단으로만 이루어진 글)을 읽는다면, 우선 각 문단의 첫 한두 문장만 읽습니다. 이를 통해 우리의 주의 기능에게 '어떤 내용들이 어떤 순서로 나올 거야'를 미리 알려 주는 것입니다. 이것은 중요 내용이 나올 때 자동으로 그곳에 주의가 향하도록, 필터를 설치해 두는 것과 같습니다.

두 번째, 각 문단을 내 언어로 요약하며 읽기: 먼저 글을 한 문단씩 읽습니다. 이때 한 문단을 마치면 각 문단의 내용을 짧은 한 문장 정도로 요약합니다. 이때는 읽은 내용과 똑같은 표현을 쓰기보다는 자신만의 언어로 그 내용을 정리해 입 밖으로 소리 내어 말합니다. 가령, 첫 문단을 읽은 후에 '반대 측 사람 생각에도 일리가 있다는 거지…' 하는 식으로 요약합니다. 그리고 두 번째 문단을 읽고 나서는, 첫 문단의 요약과 두 번째 문단의 요약을 함께 말해 봅니다: '아까는 저쪽도 일리가 있다더니, 결국 자기가 옳다는 거네…' 하며 말입니다. 이후의 문단들도 마찬가지로 요약하고, 앞선 요약과 이어가며 전체 글을 읽어 나갑니다.

이렇게 각 문단의 내용을 요약하고 그 요약을 누적해 가며 글을 읽으면, 마치 저자의 마음속을 들여다보는 듯한 느낌을 받게 됩니다. 가령 저자가 하고자 하는 큰 이야기가 무엇인데, 그 이야기를 시작하기 위해 첫 문단에서는 무엇을 말했는지를 파악하고, 그다음 문단에서는 그 내용을 이어가거나 반전을 주었다는 것을 알게 되고, 그러다 결국 저자가 말하고자 하는 방향으로 이야기를 끝맺었다는 것을 알게 되는 것입니다. 이렇게 글을 읽다 보면 눈으로 글을 읽고 있는 나 자신과, 그 내용을 요약하며 저자의 생각을 따라가는 자신이 따로 있음도 느끼곤 합니다. 이처럼 **글을 읽는 나의 인지 과정을 위에서 내려다보는 능력** 또한 메타인지입니다. 이러한 메타인지 독서법은, 방금 읽은 글이 무엇을 말한 것인지조차 잊는 독서의 정반대에 있는, 깊이 있는 글 읽기 방법입니다. 독서를 위한 충분한 주의 집중이 되지 않을 경우, 호흡 명상과 함께 활용해 보시기를 바랍니다.

> 🔑 첫 번째 기억 저장소인 감각 기억으로 들어오는 수많은 정보 중 우리가 주의를 기울인 소수의 정보만이 선택되어 이후의 정보 처리를 겪게 된다.
>
> 　인간의 주의는 자발적으로 작동하기도 하고, 또 정보의 속성에 따라 끌려 들어가기도 한다. 그러나, 미리 어떤 곳에 주의를 기울여야 하는지를 알고 있다면, 자동으로 필요한 정보에만 집중하는 필터링 기능도 가지고 있다. 수업 하루 전의 예습을 통해 이러한 필터링 기능을 십분 활용할 수 있다.
>
> 　만약 주의 기능이 떨어졌다면 호흡 명상을 통해 뇌를 쉬게 해주는 것이 좋다. 이것은 집중력을 높이기 위한 최고의 훈련법이기도 하다.
>
> 　'내가 방금 뭘 읽은 거지?'를 방지하기 위해, 글에 대한 큰 그림을 먼저 파악한 뒤 글을 읽고, 또한 각 문단의 내용을 요약하고 누적해 가며 글을 읽는 메타인지 독서법을 활용해 볼 수 있다.

감각 기억: 마무리 퀴즈

먼저 감각 기억에 대한 유튜브 영상 하나를 소개하겠습니다.

이 영상에서는 흰옷을 입은 사람들과 검은 옷을 입은 사람들이 마치 농구를 하듯 서로 공을 주고받습니다. 그리고 이 영상을 보는 여러분이 해야 할 일은 바로 흰옷을 입은 사람들이 서로에게 주고받은 패스의 개수를 세는 것입니다.

이제 유튜브에 영어로 "selective attention test"라는 키워드로 검색을 해 보십시오. 만약 세 개의 엘리베이터 문 앞에서 농구하는 사람들의 영상이 보인다면 그것을 클릭해서 보십시오. 이것은 1분 정도 되는 짧은 영상이고, 영상을 만든이의 이름은 Daniel Simons입니다.

다음 페이지의 글을 읽으시기 전에, 이 영상을 먼저 검색해 보시기를 바랍니다.

영상을 보셨습니까?

그렇다면, '그것'도 보셨습니까?

연구자들에 따르면, 이 영상을 처음 본 사람들의 절반 가까이가 '그것', 즉 고릴라를 보지 못합니다. 이 현상이 놀라운 이유는 앞서 말씀드린 것처럼 이 영상을 보는 우리 인간의 감각 기억이 눈앞에 펼쳐지는 모든 정보를 비록 잠시지만 빼먹지 않고 담아두기 때문입니다. 즉, 흰색 옷을 입은 사람들의 정보도, 검은색 옷을 입은 사람들의 정보도, 배경도, 그리고 물론 '고릴라'도 우리의 감각 기억을 거쳐갔습니다.

그렇게도 분명한 고릴라를, 그것도 가슴을 치고 지나가는 고릴라를, 우리가 쉽게 놓친다는 것은 감각 기억으로 들어온 정보가 모두 충분히 처리되지는 않음을 단적으로 보여줍니다. 오직 주의가 부여된 일부 정보만이 처리되는 것입니다.

동시에 이 영상은 우리의 주의가 가진 필터링 기능도 잘 보여줍니다. 즉, 여러분이 하얀색 정보에 대한 필터를 끼고 있었기 때문에 검은 고릴라를 보지 못한 것입니다. 이후에 이 영상을 한 번 더 보는 사람은 검은 고릴라를 놓치는 일이 거의 없습니다. 이제는 고릴라로 필터가 맞춰져 있기 때문입니다.

이렇듯 여러분의 주의는 '반'만 여러분의 편입니다. 다만 적절한 필터를 미리 끼고 있다면, 여러분에게 도움이 되는 방향으로 주의가 자연스레 작동하도록 만들 수 있습니다. 그러니, 항상 내가 어디에 집중해야 하는지를 미리 파악해 두신 후에 수업과 학습에 임하시길 바랍니다.

Q: 간혹 우리는 한 페이지의 글을 읽은 후(그래서 그 페이지의 모든 정보가 감각 기억을 스치고 지나갔음에도 불구하고), '내가 방금 뭘 읽은 거지?'와 같은 느낌을 받을 때가 있습니다. 이러한 일은 왜 일어나고, 이러한 현상을 방지하려면 어떠한 형태의 쉼이 좋고, 또 어떤 방식의 글 읽기가 좋을까요?

(학습한 정보를 인출해 보는 것의 중요성 기억하시나요? 가능하면 1분만 시간을 내어 제 질문에 소리 내어 답하시거나 글로 답을 적어보시기를 바랍니다.)

A: '내가 방금 뭘 읽은 거지?'는 딴생각을 하면서도 단어의 뜻을 이해할 수 있을 만큼 글 읽기가 자동화되었기 때문에 나타난다. 이를 방지하고 주의력을 회복시키기 위한 휴식법으로는 호흡 명상이 있으며, 글의 큰 그림을 미리 파악한 후 각 문단의 요약을 누적해 가며 글을 읽는 메타인지 독서법도 유용하다.

[필요할 때마다 잠시 멈추었다가 책을 읽고 계시나요?
호흡 명상을 통해 휴식도 취하시고, 뇌 속에서 지금까지의 내용이 응고될 수 있는 시간도 주시기 바랍니다.]

질문 2.
단기 기억(작업 기억) 속 정보에 어떠한 인지적 작업을 해야만, 즉, 어떤 방식으로 공부해야만, 가장 효과적으로 그것을 장기 기억 속에 응고시킬 수 있는가?

인지적 정보 처리의 작업대 그리고 두 개의 학습법

앞서 네 개 정도의 정보를 20여 초 보관하는 것이 단기 기억이고, 이 단기 기억의 또 다른 이름이 **작업 기억**임을 말씀드렸습니다. 즉, 단기 기억은 우리가 주의 집중하고 있는 학습 내용이 잠시 올라와 머무는 인지적 작업대인 것입니다. 이 작업대 위에 올라온 정보에 대해, 어떤 인지적 작업을 하여 그것을 장기 기억으로 옮기는 과정을 우리는 통상 학습 혹은 공부라고 합니다.

단기 기억 속 정보를 장기 기억으로 옮기는 방법에는 여러 가지가 있습니다. 가령, 아래의 학습법들은 이 책에서도 이미 여러 번 언급된 학습법들입니다.

- 새로운 정보를 내가 이미 가지고 있던 다른 정보와(가령, 배경지식이나 자기 사례와) 연결하기

- 주어진 정보에는 들어있지 않은, '왜' 혹은 '어떻게'에 해당하는 내용을 논리적으로 유추해 보기
- 주어진 정보를 시각적으로 떠올리기
- 정보 속의 공통점이나 차이점 분석하기
- 요약하기
- 그리고 학생들이 흔히 하는, 단순 반복하여 읽거나 쓰기

위의 학습법들을 포함하여, 단기 기억에서 장기 기억으로 정보를 옮기는 학습 방식들은 크게 두 가지로 나누어 볼 수 있습니다.

1. **연결 학습법**: 연결 학습법은 인지적 작업대에 올라와 있는 정보와 관련이 있는 정보를 나의 장기 기억에서 가져와, 이 둘 모두를 인지적 작업대에 올려놓고 이들 사이에 유의미한 연결을 맺는 학습법입니다. 우리가 비밀 코드 힌트를 바탕으로 비밀 코드를 외운 것 역시 낯선 기호를 이미 우리에게 익숙한 지온과 연결 지으며 학습을 한 것입니다. 위에 나열된 학습법 중 처음 세 가지 또한 이러한 방식에 해당합니다. 가령, 주어진 정보를 시각적으로 떠올리기 위해서는, 내가 그 정보에 대해 가지고 있는 배경지식(예를 들어, 어떤 물체의 색이나 모양)을 활용해야 하는 것입니다.

2. **비연결 학습법**: 두 번째 학습 방식인 비연결 학습법은 내가 배워야 할 새로운 정보 그 자체만을 반복하여 그것을 장기

> 기억으로 옮기는 방식입니다. 위에 언급된 학습법 중 마지막 두 가지가 이러한 비연결 학습법의 예입니다. 주어진 내용을 있던 그대로 반복하거나, 요약 후 반복하는 것입니다.

여러분은 이 두 가지 학습법 중 어느 쪽의 학습법을 더 자주 사용하시나요?

비연결 학습법

과거 학생 시절의 저는 제가 학습해야 할 내용들을 간단히 정리하고 그것을 반복하는 비연결 학습법을 주로 사용했습니다. 학습해야 할 양을 압축한 후, 그 내용만을 반복하려고 든 것입니다. 저는 수학이나 영어를 공부할 때도, 핵심 개념, 공식이나 문법, 예제를 반복해서 보는 것에 집중했습니다. 당시의 저는 주어진 학습 내용 외에 다른 관련 정보를 오히려 추가하고 연결 짓는 첫 번째 방식의 연결 학습법은 상상도 하지 못했습니다. 책 속에 있는 내용의 살은 걷어내고 뼈만 남긴 후, 그것만 반복하고자 했습니다. 늘 부족해 보이는 시간 앞에서 선택한 학습 방향이었습니다. 미국의 한 설문 조사 결과도, 대부분의 학생은 이렇게 학습 내용을 단순 반복하는 비연결 학습법을 주로 사용한다고 합니다.

여러분도 익히 아시다시피, 이러한 단순 반복 위주의 학습은 매우 지겨운 과정이며 결국 공부 자체를 싫어하게 만드는 학습법입니다. 하지만 이것이 적어도 '공부하고 있다는 확신'을 주기 때문에 많은 학생이 이 방법을 고수하는지도 모릅니다. 즉, 일정 횟수 이상 반복을 한 경우, 반복한 내용이 머릿속으로 들어가고 있다는 느낌을 강하게 받게 되고, 누가 봐도 그 학생은 공부하고 있다고 여기게 됩니다.

 그런데 연구자들은 바로 이러한 '공부하고 있는 느낌'을 경계하라고 엄중히 경고합니다. 가령 책을 반복해서 읽는 경우 우리에게 나타나는 효과들이 있습니다. 책을 읽는 속도가 점차 빨라지고, 보다 쉽게 책을 읽을 수 있게 되며, 어떤 페이지의 어디쯤에 소제목이나 그림이 있는지도 더 잘 기억이 납니다. 하지만 연구자들은 이렇게 책에 대한 친숙함이 늘어갈수록 우리가 갖게 되는 '내용을 점점 더 알아가고 있다'는 생각이 착각일 뿐이라고 말합니다. 즉, 각 페이지에 대한 친숙함이 늘어간다고 해서, 우리가 정말 그 내용을 기억하거나 이해할 수 있게 된 것이 아님에도 불구하고 우리는 점점 더 자신의 **기억**과 **이해**에 대한 확신이 커진다는 것입니다. 가령, 아무리 컴퓨터를 오래 사용했다 하더라도 컴퓨터를 고치는 경험은 해보지 않았을 수 있습니다. 그러면 당연히 컴퓨터를 고치는 데 필요한 지식이나 기술이 있을 리 만무한데도, 컴퓨터가 고장 나면 우리는 쉽게 컴퓨터를 뜯어보곤 합니다. 그리고 컴퓨터 속을 들여다보고 나서야 자신이 어디부터 봐야 하는지조차 모른다는 것을 깨닫습니다. 그럼에도 불구하고 익숙하게 사용하던 컴퓨터나 차가 고장 났을 때 우리가 그 속부터 들여다보는 것은, 우리가 친숙함을 지식으로 착각하게 되었기 때문입니다.

 책을 아무리 많이 반복해 읽었다고 우리가 그 내용을 기억하고 이해한 것이 절대 아님을 명심하십시오. 우리가 무언가를 알고 있는지의 여부는, 반복의 횟수 혹은 그 과정 속에서 속에서 생겨나는 느낌이 아니라, 주어진 문제를 풀어낼 수 있는지의 여부로 판단해야만 합니다.

연결 학습법

모든 사람이 학생 시절에는 선생님만큼 알고, 선생님만큼만 문제를 풀 수 있었으면 하는 바람을 가지고 있을 것입니다. 선생님께서 모르는 것도 아는 학생, 선생님도 못 푸는 문제를 푸는 학생은 거의 없습니다. 즉, 학생에게는 선생님만큼 하는 것 이상의 목표는 없는 것입니다.

그런데 우리가 선망하는 그 선생님들은 대다수 학생처럼 비연결 학습법을 주로 사용하실까요? 즉, 우리가 보지 않는 곳에서 책을 반복적으로 읽으며 수업을 준비하시는 것일까요? 그렇지 않습니다. 선생님들께서는 첫 번째 학습 방식인 연결 학습법을 주로 사용하십니다.

즉, 선생님들께서는 새로운 학습 내용과 관련된 정보가 자신의 장기 기억 속에 있는 경우, 이 모두를 인지적 작업대에 올려놓은 상태에서, 이들 사이의 유의미한 연결을 맺으며 학습하십니다. 만약 새로운 학습 내용과 관련된 정보가 장기 기억 속에 없는 경우에는, 그 새로운 내용을 보다 잘 이해하고 기억하는 데 도움이 될 만한 다른 정보를 찾아 새로운 정보에 연결 짓고 함께 장기 기억에 저장하십니다. 그리고 이러한 연결 학습법을 통해 형성된 지식의 견고함은 수업을 얼마나 잘 할 수 있는가, 그리고 시험 문제를 얼마나 잘 만들고 풀어낼 수 있는가를 통해 자연스레 측정됩니다.

이 책에서 소개할 주요 학습법은 바로 이러한 선생님의 학습법입니다. 이와 관련한 보다 자세한 내용들은 해(解)의 장 나머지 부분에서 자세히 소개해 드리기로 하고, 질문 2. 단기 기억(작업 기억) 속 정보에 어떠한 인지적 작업을 해야만, 즉, 어떤 방식으로 공부해야만, 가장 효과적으로 그것을 장기 기억 속에 응고시킬 수 있는가?에 대한 답은 다음과 같은 메시지로 마무리하겠습니다.

선생님께서는 대부분의 학생처럼 같은 내용을 반복하는 학습을 하지 않으신다. 이와 반대로, 학습 내용과 관련된 다른 내용들을 적극적으로 연결하는 학습법을 사용하신다. 또한, 수업 및 시험의 준비 과정에서 본인의 지식 여부를 자연스레 측정하는, 메타인지 활동이 일어난다. 그리고 바로 이러한 인지적 작업들이 단기 기억(작업 기억) 속 정보를 가장 효과적으로 장기 기억에 응고시키는 방법이다.

🔑 단기 기억은 네 개 정도의 정보를 약 20초간 저장한다. 단기 기억은 우리가 수행할 인지적 작업에 필요한 새로운 정보, 그리고 장기 기억으로부터 꺼내져 나온 관련 정보를 동시에 담아둘 수 있는 인지적 작업대의 역할을 수행한다.

학생들은 이 작업 기억 속에 어떤 학습 정보를 담아두고, 다른 정보와의 연결 없이 그 정보만을 반복하는 비연결 학습법을 선호한다. 반면 선생님들께서는 수업을 준비하고, 가르치고, 평가하는 인지적 작업 속에서, 주어진 학습 내용과 다른 관련 내용을 함께 인지적 작업대에 올려놓고 긴밀한 연결을 짓는 연결 학습법을 사용하시며, 메타인지 또한 자연스레 활용하신다.

단기 기억: 마무리 퀴즈

Q: 단기 기억으로 들어온 정보를 장기 기억으로 보내기 위해 우리가 사용하는 학습법을 크게 두 가지로 나눈다면, 새로 받아들여야 하는 정보 그 자체에만 집중하는 비연결 학습법이 있고, 그 새로운 정보를 내가 이미 알고 있는 배경지식과 연결 짓는 연결 학습법이 있습니다. 학생들은 주로 어떤 학습법을 사용하고, 선생님들께서는 주로 어떤 학습법을 사용하시나요?

A: 학생들은 주어진 학습 내용을 단순 반복하는 비연결 학습법을 주로 사용하는 반면, 선생님들께서는 수업과 평가를 준비하시는 과정 속에서 학습 내용을 다른 관련 내용과 적극적으로 연결하는 연결 학습법, 그리고 메타인지를 자연스레 사용하신다.

<이후의 해(解)의 장에서 우리는 선생님의 학습법이 가지는 인지적 메타인지적 효과에 대해 보다 자세히 살펴볼 것입니다.>

질문 3.
수많은 정보를 가진 장기 기억 속에서 보다 쉽게 정보를 꺼내려면 무엇을 해야 할까?

장기 기억은 단기 기억보다 훨씬 많은 양의 정보를 매우 오랫동안 저장할 수 있습니다. 장기 기억은 용량에도 정보의 보관 기간에도 제한이 없기 때문입니다. 즉, 공부를 많이 한다고 머리가 폭발하는 일도, 단지 시간이 오래 지났다고 어릴 적 배운 한글과 숫자를 잊어버리는 일도 일어나지 않습니다. 장기 기억 덕분에 우리는 과거 기억에 대한 손실 없이 새로운 내용을 추가로 배워 나갈 수 있는 것입니다.

그러나 정보를 한 번 장기 기억으로 옮겼다고 그것이 아무런 노력 없이 평생 지속되는 것도 아닙니다. 장기 기억의 유지를 위해서는 적절한 간격으로 **인출 훈련**을 하는 대가가 필요합니다. 단적인 예로서, 한글과 숫자처럼 자주 인출하는 기억은 손실이 일어나지 않습니다. 그러나 자주 사용하지 않는 맞춤법이나 숫자 표현은(가령 예순 혹은 일흔) 간혹 잊어버리게 되는 것처럼, 인출 없는 기억은 장기 기억 속에서 점점 더 찾기 힘든 기억으로 쇠락해 갑니다.

그런데 장기 기억 안에 있는 그 수많은 정보는 어떠한 모습으로 저장되어 있는 것일까요? 분명 그 많은 정보가 아무렇게나 저장되어 있지는 않을 텐데 말입니다. 바로 이러한 질문에 대해 연구하며 인지 과학자들은 장기 기억에 관해 매우 흥미로운 사실들을 알게 되었습니다. 그리고 그들은 장기 기억 속에서 보다 쉽게 정보를 꺼내려면 우리가 어떻게 학습을 해야 하는지에 대해서도 알게 되었습니다.

장기 기억은 정보를 자동으로 분류하여 저장한다[20]

아래 실험은 제 수업에서도 늘 사용하는 것인데, 여러분도 함께해 보셨으면 합니다.

우선 저는 학생들에게 21개의 단어를 불러줍니다. 흔한 기억 실험처럼 학생들은 이것을 최대한 많이 외우기 위해 노력해야 합니다. 그 단어의 예는 다음과 같습니다. 귀찮더라도 한 단어씩 읽어 보시기를 바랍니다. 단, 단어 사이에 약 3초 정도의 간격을 두며 읽으시기를 바랍니다.

사과 자두 체리 램프
책상 신발 소파 의자 코트 바지
모자 침대 구두 부츠
포도 식탁 참외
멜론 장갑 딸기 선반

이 단어들을 약 3초 정도의 간격으로 학생들에게 읽어주면 1분이 조금 넘게 소요됩니다. 이때 이 단어들을 최대한 많이 외우기 위해 학생들은 대부분 다음과 같은 단순 반복 전략을 사용합니다. 즉, 처음에 제가 사과라는 단어를 말할 때, 사과, 사과, 사과, 사과, 사과… 이렇게 사과를 3초간 반복합니다. 그리고 제가 두 번째 단어인 책상을 말하면, 사과, 책상, 사과, 책상, 사과, 책상… 하며 3초 정도 반복합니다. 그리고 세 번째 단어인 신발을 말하면, 사과, 책상, 신발, 사과, 책상, 신발… 이렇게 반복합니다. 그러나 점점 단어가 늘어날수록, 지금껏 들은 단어들을 다 반복할 수 없기 때문에, 어느 시점에서부터 학생들은 앞의 것들은 그만 반복하고 방금 불러준 몇 개만 반복하는 식으로 구간 구간 최선을 다해 단어들을 반복합니다.

그리고 마침내 학생들에게 자신이 기억한 단어를 적을 시간이 주어집니다. 그 후 제가 전체 단어들을 보여주면, 낮은 탄성과 함께 "아, 맞아 램프가 있었어" 등등의 말을 합니다. 지금껏 이 단어 전부를 기억하는 학생은 단 한 명도 없었고, 대부분 7개에서 10개 정도의 단어를 기억합니다.

그런데 사실 이 실험에서 저는 학생들이 단어를 몇 개나 기억하는지에는 관심이 없습니다. 대신 학생들의 답 속에 있는 어떤 패턴을 찾는 것에 더 큰 목적이 있습니다. 특히 **같은 범주의 단어들을 모아서 답하는 경향이 있는지**를 확인하는 것이 실험의 핵심입니다. 학생들에게 자신의 답 속에서 이러한 **그룹화 패턴**이 있는지를 찾아보라고 하면, 많은 학생이 자신의 응답 속에서 그러한 경향을 찾아내곤 합니다. 예를 들어 어떤 학생들은 과일 단어들을 주로 먼저 적고, 그다음 의복에 관한 단어들을 적고, 그리고 나서 가구 단어를 적었는가 하면, 다른 학생들도 비록 범주의 순서는 다르지만 마찬가지로 같은 범주의 단어들을 묶어서 적는 경향을 보이는 것입니다. 가령 사과, 자두, 체리(여기까지는 과일들), 신발, 코트, 바지(여기까지는 의복), 소파, 의자, 식탁(가구들)… 이런 식으로 범주별로 단어들을 기억해 내는 현상이 발견되곤 합니다. 물론 이러한 경향이 모두에게서 나타나거나, 칼로 무 자르듯 명확하게 나타나는 것은 아닙니다.

그런데 혹시 여러분은 앞서 제시된 21개의 단어들 속에 이러한 세 범주가 있었다는 것을 눈치채셨나요? 어쩌면 '과일이 있었다' 혹은 '가구가 있었다'와 같이 한두 범주 정도는 눈치채셨을 수 있겠지만, 아마 과일, 의복, 가구 세 범주 모두를 눈치채시지는 못하셨을 것입니다. 이러한 기억 과제를 실제로 수행하는 대부분의 사람은 중얼중얼 단어를 반복하느라 바쁠 뿐입니다. 그럼에도 불구하고 나타나는 놀라운 점은 사람들이 자신의 기억 속에서 이 단어들을 꺼낼 때에는, 과일 단어는 과일 단어끼리, 의복 단어는 의복 단어끼리, 가구 단어는 가구 단어끼리 묶어서 꺼내는 경향을 보인다는 사실입니다. **세 범주를 의식하지도 못했음에도 불구하고 말입니다.**

이것은 마치 우리의 장기 기억 안에 **과일, 의복, 가구** 이렇게 세 범주의 단어들을 담아두는 통이 있고, 두서없이 제시된 21개의 단어가 각기 자기 범주의 통 안으로 들어갔다가, 답을 말할 때에는 한 통씩 순서대로 답이 쏟아져 나온 것과 같아 보입니다. 즉, 서로 다른 범주의 단어들이 뒤죽박죽 장기 기억 속으로 들어와도 장기 기억 스스로가 이 단어들을 범주별로 분류하고, 답을 꺼낼 때에도 한 범주씩 차례로 꺼낸 것과 마찬가지인 것입니다. 더욱 놀라운 점은 실험에 참여한 사람들이 이 범주들의 존재를 의식하지 못했고, 또한 자신의 응답이 범주에 따라 묶여서 나오고 있는 줄도 모를 때에도, 장기 기억 스스로가 이러한 분류 작업을 수행한다는 사실입니다.

정보를 자동 분류하는 뇌 그리고 예습

조금 전 우리는 학습 정보 속에 포함된 범주를 모를 때조차도 우리의 장기 기억이 스스로 그 내용들을 범주에 따라 자동으로 분류해 저장하고 인출한다는 이야기를 했습니다. 그런데 만약 학습 내용 속의 범주 정보가 학습 후에 명시적으로 주어진다면 어떨까요? 그것이 우리의 기억을 향상시킬 수 있을까요?

이러한 궁금증에 답하기 위해 연구자들은 앞서와 같은 단어 외우기 실험을 반복했습니다. 다만 이번에는 참가자들이 답을 말하고 난 후, 더 이상 기억나는 내용이 없다고 말했을 때 단어들 속 범주들을 힌트로 알려주었습니다. 가령 단어 중에는 과일 단어도 있었고, 의복에 관한 단어, 그리고 가구에 관한 단어도 있었다는 것을 알려준 것입니다. 실험 결과, 이러한 범주 정보를 알려주지 않았을 때 사람들은 전체 단어의 약 40% 미만을 기억했지만, 범주 정보를 주자 35% 정도의 단어를 추가로 기억해 낼 수 있었습니다. 마치 장기 기억 속에 있던 각 범주에 해당하는 기억의 통을 하나씩 뒤져서 남아있던 단어들을 꺼낸 것처럼 말입니다.

그런데 만약, 새로 배워야 할 단어의 범주 정보를 나중이 아니라 처음부터 명확히 알고 있었다면 어떨까요? 이것은 인지-메타인지 학습 시스템의 첫 번째 전략인 **예습**과도 직결된 질문입니다. 즉, 우리가 예습을 통해 내일 배울 수업이 어떠한 내용들로 구성되어 있는지를 안다면 그것이 우리의 학습을 도울 것인가 하는 점입니다.

이를 위해 연구자들은 새로운 실험을 수행했습니다. 이 실험에서 연구자들은 두 집단의 사람들에게 서로 다른 단어들을 제시했습니다. 첫 번째 집단의 사람들에게는 다양한 무기염류 이름들을 제시했는데, 이 무기염류들은 금속인지 혹은 광물인지에 따라 잘 분류되어 있었고,

금속과 광물 속 하위 단어들 역시 적절히 분류되어 있었습니다. 따라서 이들은 자신이 학습해야 할 내용이 무기염류에 대한 것일 뿐만 아니라 그것들이 어떠한 구조로 이루어져 있는지를 파악하기 쉬운 상태에서 단어들을 학습했습니다. 반면 두 번째 집단에게는 동물, 의복, 교통 등의 보다 쉬운 단어를 제시했는데 이 단어들도 앞서 무기염류를 분류했을 때와 유사한 모습으로 분류되어 있었습니다. 단, 첫 번째 집단이 외웠던 단어들이, 실제 무기염류의 분류 체계에 맞게 적절한 방식으로 분류되었던 반면, 두 번째 집단이 본 동물, 의복, 교통 단어들의 분류 체계는 말이 되지 않는 것이었습니다. 예를 들면 동물 범주 아래에 의복 단어가 포함되어 있던 식입니다. 따라서 두 번째 집단은 어떠한 주제의 단어를 학습해야 하는지, 그리고 그것들이 이루고 있는 체계가 무엇인지를 파악하기 힘들었습니다.

과연 두 집단 중 어느 쪽이 더 많은 단어를 기억할 수 있었을까요? 예상하시다시피, 73 대 21의 점수 차이로, 첫 번째 집단이 두 번째 집단에 비해 훨씬 더 많은 단어를 기억할 수 있었습니다. 즉, 자신이 학습해야 할 정보가 적절한 구조를 가지고 있고, 그 구조를 처음부터 잘 알고 있는 경우에는 그 구조에 대한 지식을 토대로 보다 많은 정보를 기억할 수 있었던 것입니다. 실제로 첫 번째 집단의 사람들은 상위 범주에 해당하는 단어들을 먼저 응답하고, 그 하위 범주의 단어들을 하나씩 떠올리며 응답하는 경향을 보였습니다. 그러나 두 번째 집단의 사람들에게서는 이러한 패턴이 발견되지 않았습니다. 이처럼 자신이 학습할 내용의 주제와 그 속에 존재하는 유의미한 구조를 처음부터 미리 알고 있는 경우, 사람들은 그 내용을 보다 잘 이해하고 기억하게 됩니다.

🔑 장기 기억은 정보를 보관할 수 있는 용량과 보관 기간에 제한이 없다. 또한 장기 기억은 정보를 범주에 따라 자동으로 분류, 저장하고, 꺼내는 경향을 보인다.

학습할 정보가 유의미한 구조를 지니고 있고 학습자가 그 정보 구조를 미리 아는 경우에는 장기 기억의 자동 정보 분류 성향을 십분 활용할 수 있다. 그리고 학습자는 보다 높은 이해와 기억 능력을 갖게 된다.

장기 기억: 마무리 퀴즈

Q: 장기 기억은 정보를 자동으로 분류하고 꺼내는 특징이 있습니다. 장기 기억의 자동적 정보 분류 특성을, 연구자들은 어떠한 실험을 통해 알게 되었나요? 그리고 장기 기억의 이러한 특성은 우리의 공부에 어떠한 시사점을 가지나요?

위의 질문에 대한 답을 자신만의 언어로 여기에 적어 보시기를 바랍니다.

앞선 질문의 답을 제 언어로 적어보면 다음과 같습니다.

A: 사람들에게 여러 범주의 단어들이 섞여 있는 단어 리스트를 불러주고 그 단어들을 기억해 보라고 하면 범주별로 응답하는 경향을 보인다. 이러한 경향은 사람들이 그 단어들 속에 있는 범주를 인식하지 못할 때조차 일어난다. 따라서 연구자들은 장기 기억이 자동으로 정보를 범주화하여 받아들이고 인출하는 성향을 보인다고 생각했다.

또한, 학습해야 할 정보 속의 범주를 보다 분명히 알려주는 경우, 학습자들의 이해와 기억이 더욱 높아졌다. 이러한 사실은 학습 전 예습을 통해 우리가 배워야 할 내용의 주제와 구조를 아는 것이 우리의 이해와 기억을 높여줌을 시사한다.

해(解)의 장 첫 단락
'인간의 인지 기능 이야기' 시사점:
예습의 필요성과 구체적 방법

지금까지의 이야기가 우리의 공부에 대해 갖는 시사점을 정리해 보면 다음과 같습니다.

내일 수업 시간에 배울 내용이 무엇에 대한 것인지,
그리고 그 내용이 어떠한 구조로 이루어져 있는지를
미리 알고 있는 뇌
VS.
새로 배울 내용의 주제나 구조를 **모르는 뇌**

당연히 첫 번째 경우에 해당하는 학생이 동일한 수업을 듣고도 보다 많은 내용을 습득하고 응고시킬 수 있습니다. 이제 여러분 스스로의 공부를 한 번 돌이켜 보십시오.

여러분은 수업에 들어갈 때 어떤 준비 상태로 들어가시나요?
수업이 시작될 때 '오늘 수업의 주제는 무엇이고, 거기에는 대략 이런저런 내용이 있다, 그리고 그 순서와 구조는 대략 이렇다'와 같은 정보를 가지고 수업에 들어가시나요?

다시 한번 말씀드리지만, 이것은 선행학습을 하시라는 말씀이 절대 아닙니다.

선행학습은 학교에서 선생님께서 하실 수업을 미리 듣는 것입니다. 인지-메타인지 학습 시스템에서 말하는 예습은 그러한 선행학습이 아니라, 수업 하루 전에 혼자 책을 들여다보며 '아 내일은 무엇을 배우는구나, 그리고 거기에는 대략 이러이러한 내용이 있구나' 하는 수준의 훑어봄을 말하는 것입니다. 이것은 새로운 수업 정보가 유의미한 연결을 맺으며 장기 기억에 들어앉을 수 있도록 미리 자리를 만들어두는 작업입니다. 보다 구체적으로 예습은 다음과 같은 기능들을 합니다.

> 감각 기억을 이야기하며 살펴보았듯 예습은, 중요 내용이 나올 때 우리의 뇌가 자동으로 주의 집중을 하게 만드는 필터링 기능을 한다. 특히, 내가 모르는 내용에 주의 집중하게 하는 메타인지 효과도 가져온다.

> 또한 예습은, 작업 기억이라고도 불리는 단기 기억에 새로운 학습 정보가 들어올 때, 이와 함께 연결 지을 관련 정보를 마련해 두는 작업이기도 하다.

> 마지막으로, 장기 기억을 이야기하며 살펴봤듯, 예습은 장기 기억이 보다 효과적으로 정보를 분류하고 저장할 수 있도록 도와준다.

예습 방법 1: 내일 수업 내용 훑어보기 (5분)

구체적으로 예습을 어떻게 해야 하는가는 '책의 가치 판단을 위해 앞부분만 읽으실 분을 위한 글'에서 소개해 드린 바와 같습니다. 수업 전날에 약 5분간, 내일 수업에서 배울 내용, 특히 목차, 큰 제목, 작은 제목, 그림, 표, 등을 훑어보는 것입니다. 만약 키워드가 여백에 정리되어 있다면, 그리고 단원 끝에 요약이나 연습 문제가 있다면, 그러한 내용도 예습 때 훑어보시기를 바랍니다. 만약 내일 배울 내용이 어떤 특정한 구조 없이 수많은 문장으로만 이루어져 있다면, 각 문단의 첫 문장 정도만 읽어서 전체적 내용과 구조에 대해 대략적인 이해를 가지고 수업에 들어가시면 됩니다.

예습 방법 2: 큰 질문, 작은 질문 적기 (5분)

예습의 효과를 극대화하기 위해 훑어보기와 함께 우리가 해야 하는 일이 있습니다. 바로 **내일 수업 내용에 관한 질문 적기**입니다. 보다 구체적으로는 두 가지 종류의 질문을 책에 적습니다.

1. 내일 수업 내용이 답하고 있는 큰 질문
2. 자신에게 떠오르는 개인적인 질문들

1. 내일 수업 내용이 답하고 있는 큰 질문 적기
우리가 학교에서 배우는 대부분의 내용은 어떤 질문에 대한 답입니다. 예를 들어 속도 공식을 배우는 과학 수업의 경우 '움직이는 물체의 속도는 어떻게 구할 수 있는가?'하는 질문이 바로 수업 내용이 답하고자 하는 큰 질문이 될 것입니다. 수업 하루 전, 내일 범위의 내용을 훑어보며, 그 부분이 답하고자 하는 큰 질문을 정리하여 내일 수업 범위의 앞 부분에 적어 둡니다. 이렇게 자신이 매 수업에서 배우는 내용이 궁극적으로는 어떤 큰 질문에 대한 답인지를 인식한 후 수업에 들어가셔야 합니다.

로버트 마자노 Robert Marzano 라는 연구자에 따르면, 수업 초반에 선생님께서 그날 배울 내용을 간단히 소개하는 것만으로도 학생들의 성적에 큰 변화가 있었습니다. 이때 선생님께서 수업 주제를 소개하시는 방식에는 여러 가지가 있습니다. 단순히 그날 수업의 주제와 목표가 무엇인지를 언급하시는 것에서부터, 그날 배울 내용이 실생활에서는 어떻게 적용될 수 있는지를 이야기하는 것까지 다양한 방법이 있습니다. 하지만 수업 내용에 대한 소개가 어떠한 모습으로 이루어지든, 선생님께서 이렇게 그날 배워야 할 내용의 주제를 확인시켜 주시는 것의 효과는 매우 컸습니다. 이러한 효과에 대한 수많은 연구들을 종합하여 그 결과를 석차로 표현한다면, 그 효과의 크기가 100명 중 50등을 하던 학생이 16등으로 오를 만큼 큰 것이었습니다. 또한 로버트 마자노에 따르면, 선생님께서 학생들이 이미 알고 있는 지식과 그날 배울 내용을 직접적으로 연결해주실 경우, 그러한 노력이 가져오는 학습 효과 또한 못지않게 크다고 합니다. 그것은, 100명 중 50등에 해당하는 학생이 20등으로 오를 만큼의 효과인 것입니다.

안타깝게도 모든 선생님께서 수업을 시작할 때 그날 배울 내용이 무엇에 대한 것인지 큰 그림을 제공해주시지는 않습니다. 또한, 그날 배울 내용을 여러분이 이미 아는 내용과 직접적으로 연결해 주시지 않을 수도 있습니다. 그러나 다행인 점은 그러한 큰 그림의 파악과, 기존 지식과의 연결은 우리 스스로도 얼마든지 할 수 있는 것이며, **이를 위**

한 예습에 걸리는 시간도 길지 않다는 것(10분 정도)입니다.

2. 자신에게 떠오르는 개인적인 질문들 적기

예습을 통해 내일 배울 내용이 답하고 있는 큰 질문을 만드는 것과 더불어 여러분이 하셔야 할 일이 또 있습니다. 그것은 바로 내일 배울 범내용을 훑어 보시며, 그 내용에 대한 개인적 질문이 떠오른다면 그러한 질문들도 곳곳에 적어두는 것입니다. 가령, 이 책 서두의 '책의 가치 판단을 위해 앞부분만 읽으실 분을 위한 글'에서 표준편차를 예로 들어 언급한 것처럼, '평균이랑 비슷한데 왜 편차의 평균을 구하는 거지?'와 같은 자기만의 질문을 책의 곳곳에 적어두는 것입니다. 이러한 나만의 질문은 수업 중 선생님께 여쭤보기에 적절한 것이라면 어떤 것이라도 좋습니다.

이렇게 나만의 질문을 만드는 것은 수업의 흐름을 따라가는 데 큰 도움을 줍니다. 가령 '수업 초반에는 선생님께서 무엇무엇에 대해 이야기를 하실텐데, 수업의 중간 부분으로 넘어가면 내가 궁금해하는 무엇무엇에 대한 이야기를 하실 거야'와 같이 수업의 흐름을 예상하고 따라가는 것을 도와줍니다.

🔑 예습은 수업 하루 전 10분 정도의 시간을 들여, '아 내일은 무엇을 배우는구나, 그리고 거기에는 대략 이러이러한 내용이 있구나' 하는 수준의 훑어봄을 의미한다. 특히 목차, 큰 제목, 작은 제목, 그림, 표, 키워드, 단원 요약 등을 훑어보거나, 각 문단의 첫 문장을 읽어서 전체 내용에 대해 대략적인 이해를 하고 수업에 들어가는 것이 예습이다.

예습 시에는 해당 내용이 답하고자 하는 큰 질문과 개인적 질문도 적어둔다. 이러한 예습은 새로운 학습 내용이 들어와 앉을 자리를 마련하고, 수업에 보다 집중하게 만드는 효과를 가져온다. 바로 이러한 예습이 인지-메타인지 학습 시스템의 첫 번째 전략이다.

쉬어가는 글: '재밌겠는데', '궁금한데'와 같은 호기심 유발하기

<궁금해 하고 재미있어 하는 내용은 쏙쏙 받아 들이는 우리의 뇌>

한 실험에서 연구자들은 사람들에게 호기심을 유발할 만한 질문과 답들을 소개했습니다. 가령 '사람의 목숨을 가장 많이 앗아가는 해양 생물은 무엇일까요?'와 같은 질문, 그리고 '해파리'라는 답을 소개한 것입니다. 그리고 실험 말미에 사람들이 각각의 질문과 답을 얼마나 많이 기억하고 있는가도 조사했습니다.

그런데 사실 이 실험의 핵심은 바로 연구자들이 질문과 답 사이에 실험 참가자들에게 한 추가 질문에 있었습니다. "**이 질문에 대한 답을 얼마나 알고 싶죠?**" 즉, 사람들에게 각각의 질문이 그들에게 얼마나 흥미로운 것이었는가를 측정한 것입니다.

실험 결과, 각 질문과 답을 기억하는 정도는 사람마다 모두 차이가 있었습니다. 그런데 대부분의 실험 참가자에게서 공통으로 나타나는 현상 한 가지가 있었는데, 그것은 바로 **자신이 궁금해**

하던 질문일수록 사람들이 그 질문과 답을 잘 기억했다는 것입니다. 이것은 우리가 일상에서도 늘 경험하는 일입니다. 자기가 평소 관심이 있던 주제(가령 특정 연예인)에 대한 내용은 쉽게 그 정보를 받아들이고 매우 빠르게 응고시키는 반면, 내가 물어보지도 않았고 궁금해하지도 않았던 정보는 금세 잊는 것입니다.

그러니 여러분께서 처음 어떤 내용을 접하는 시점, 가령 예습과 같은 시점에서는, 다소 어색하더라도 호기심을 내보시는 것이 좋습니다. 손발이 오그라들더라도 '궁금한데', '재밌겠는데'라는 마음을 내보시는 것입니다. 바로 이러한 상태에서 떠오른 질문들이 여러분께서 예습을 마무리하며 책에 적어두셔야 하는 '나만의 질문'입니다. 수업이 이렇게(억지로라도) 호기심을 낸 질문에 대한 답을 줄 때, 여러분은 그 내용을 보다 쉽게 기억하게 됩니다.

두 번째 해(解): 블룸의 교육 목표 분류 그리고 평가 기준 확인

숙달을 이룬 후에야 창의성이 나타난다.
그러니, 능력의 숙달이야말로 젊은 인재들이 최우선시해야 할 과제이다.

Creativity follows mastery,
so mastery of skills is the first priority for young talent.

- 벤저민 블룸(미국의 교육 심리학자) -

두 번째 해(解)를 열어주는 실험

실험 지시문
다음 페이지에는 열 개의 단어가 있습니다. 이 단어들을 보고 여러분이 하셔야 할 일은 이 열 개의 단어 속에 모음이 총 몇 개가 있는지를 세는 것입니다. 한국어에는 다음과 같이

단순 모음 10개(ㅏ, ㅑ, ㅓ, ㅕ, ㅗ, ㅛ, ㅜ, ㅠ, ㅡ, ㅣ)
그리고
복합 모음 11개(ㅐ, ㅒ, ㅔ, ㅖ, ㅘ, ㅙ, ㅚ, ㅝ, ㅞ, ㅟ, ㅢ)
총 21개의 모음이 있습니다.

모음 세기의 예로서, 가령 다음 페이지에 있는 열 개의 단어 중 첫 단어가 '기억'이라면, 여기에는 모음 'ㅣ'와 'ㅓ'가 있으므로, 모음이 총 두 번 등장합니다. 따라서 이 단어의 경우 답은 2입니다. 그리고 다음 단어에 대해서도 마찬가지로 모음을 세어가며 모음의 개수를 더해 나갑니다. 이렇게 열 개의 단어 안에 총 몇 개의 모음이 있는지를 세시면 됩니다. 만약 단어 속에 숫자가 있다면 그 숫자는 무시하십시오. (굳이 숫자를 한글로 바꿔 그 속에 있는 모음을 세실 필요는 없습니다.)

단, 이 실험에서는 속도가 중요합니다. 즉, 다음 페이지에 있는 열 개의 단어 각각에 몇 개의 모음이 있는지를 가능한 한 빠르게 더해 나가야 하는 것입니다. 종이나 연필 없이 머릿속으로만 세어 보십시오. 다시 말씀드리지만, 속도가 중요합니다. **여러분은 이 과제를 단 1분 안에 끝내셔야 합니다.**

자, 그럼 시작해 볼까요? 준비가 되었다면 다음 페이지로 넘어가 상자 속 열 개의 단어 안에 총 몇 개의 모음이 있는지 세어 보기 바랍니다.

시~작!

1원짜리 동전

양손

세쌍둥이

네발자전거

5만 원권

육하원칙

러키세븐

88 서울 올림픽

구룡폭포

열 손가락

자, 이 단어들에 총 몇 개의 모음이 들어있는지 세어 보셨나요? 그렇다면, 다음 페이지로 넘어가시길 바랍니다.

이제, 상자 안에 들어있던 단어들을 가능한 한 많이 기억해서 적어보시기 바랍니다.

?!

네, 맞습니다. 저는 단어들 속에 있는 모음을 세어 보시라는 과제를 준 후에 난데없이 그 단어들이 어떤 단어들이었는지를 묻고 있습니다. 여러분을 속여 죄송합니다. 기분 나쁜 감정이 들더라도 일단 현재 기억나는 단어가 있다면 아래 빈칸에 적어 보시기 바랍니다. (앞 페이지로 넘어가 단어를 확인하지 마시고, 지금 기억나시는 대로 적으시면 됩니다.)

_____
_____
_____
_____
_____
_____
_____
_____
_____
_____

총 10개의 단어 중 몇 개나 적으실 수 있었나요?

자, 이제 한 번 더 동일한 10개의 단어를 살펴보겠습니다.

이번에는 시간 제한이 없으니 천천히 살펴보시기를 바랍니다.

1원짜리 동전
양손
세쌍둥이
네발자전거
5만 원권
육하원칙
러키세븐
88 서울 올림픽
구룡폭포
열 손가락

혹시 이 단어들이 어떠한 구조로 이루어져 있는지 눈치채셨나요? 이 단어들이 1부터 10까지의 숫자와 관련된 열 개의 단어라는 것을 알게 되셨나요?

자, 이제 이러한 구조를 인식한 상태에서 1분간 다시 이 열 개의 단어를 공부해 보겠습니다. 이번에는 이 단어들을 외우는 것이 목적입니다.

시~~작!

1분간 앞의 단어들을 공부하셨다면, 이번에는 아래 빈칸에 기억나는 대로 단어들을 적어 보세요.

―――――――
―――――――
―――――――
―――――――
―――――――
―――――――
―――――――
―――――――
―――――――
―――――――

이번에는 몇 개를 적으셨나요?

 아마 여러분은 열 개의 단어가 가진 구조를 이해함으로써 더 많은 단어를 기억하실 수 있었을 것입니다. 즉, 1, 2, 3, 4, 5… 이렇게 하나씩 숫자들을 떠올리는 것이 각각에 해당하는 단어들을 떠올리는 일을 도와주는 것입니다. 이 실험을 통해 우리가 알 수 있는 점은 무엇일까요? 앞서 이야기했던 것처럼 내가 학습해야 할 내용이 어떠한 구조로 이루어져 있는지를 알고 있을 때, 그리고 그 구조가 이미 우리에게 친숙한 무언가와(가령 1부터 10까지의 나열과) 의미 있는 연관을 맺고 있을 때, 우리는 그 내용을 보다 쉽게 기억할 수 있다는 것입니다. 결국 이 실험 역시 새로 배울 내용의 큰 주제와 구조를 예습을 통해 미리 확인하는 것이 중요함을 다시 한번 확인시켜 줍니다.

그런데 이 실험이 우리에게 전하는 더 강한 메시지는 따로 있습니다. **그것은, 문제를 내는 사람의 진짜 의도를 알지 못하면 노력에 상응하는 결과를 얻을 수 없다**입니다. 이 실험의 초반에 저는 의도적으로 여러분을 속였습니다. 즉, 진짜 과제인 단어 기억하기와는 관련 없는, 모음 세기를 유도했던 것입니다. 단어를 기억해야 높은 점수를 받을 수 있을 때에, 여러분에게 모음의 개수를 세는 헛된 노력을 하도록 한 것입니다. 그 헛된 노력을 어느 정도 하다 보면, 여러분은 심지어 그것을 보다 효율적으로 하는 요령도 깨달을 수 있습니다. 즉, 모든 글자에는 단순 모음이든 복합 모음이든, 모음이 하나씩만 들어있다는 것을 깨닫게 되는 것입니다. 그래서 속도가 중요한 이 과제를 잘 해내기 위해서, 결국 한 글자 한 글자 지날 때마다 모음의 개수를 하나씩 늘려나가면 된다는 요령을 터득할 수도 있는 것입니다.

그러나 이제 알다시피, 이런 요령을 깨달았든 그렇지 않았든, 모음의 개수를 빨리 세는 일은 처음부터 이 실험의 진짜 과제인 단어 기억하기와는 전혀 관련 없는 행위였습니다. 모음의 개수에 집중할수록 오히려 단어 기억이라는 본 과제와는 멀어질 뿐입니다. 게다가 만약 '모음 대신 글자의 개수를 세면 더 빠르게 과제를 수행할 수 있다!' 는 요령까지 터득하면, 여러분은 자신이 매우 효율적으로 주어진 과제를 수행하고 있다는 착각까지도 하게 됩니다. 오히려 그것이 단어 기억을 방해하고 있음에도 말입니다.

학교에서 시험을 볼 때에도 이와 유사한 경험을 할 때가 있습니다. 분명 선생님께서 말씀하신 범위에 맞게 공부했지만, 시험 범위를 잘못 알고 공부했나 싶을 정도로 내가 공부한 내용과 시험 문제가 물어보는 내용이 다르게 느껴질 때가 있습니다. 즉, 선생님의 출제 의도와 내 공부의 방향이 달랐다는 것을 시험 시간이 되어서야 깨닫는 것입니다. 이런 경우에는 기대에 못 미치는 결과를 얻을 수밖에 없습니다. 결국 중요한 것은, **선생님께서 의도하고 기대하신 바에 맞게 공부하는 것**입니다.

특정 학습 내용에 대한 선생님의 의도 혹은 기대는 '**블룸의 교육 목표 분류**'라는 개념을 통해 잘 이해될 수 있습니다. 해(解)의 장 두 번째 단락에서는, 블룸의 교육 목표 분류에 대한 이야기를 하며 인지-메타인지 학습 시스템의 두 번째 핵심 전략인 **평가기준 확인**을 소개합니다.

블룸의 교육 목표 분류:정의

벤저민 블룸Benjamin Bloom은 미국의 교육심리학자입니다. 그는 학생들이 사용하는 인지 작용에는 비교적 단순한 것에서부터 고차원적인 것까지 총 6단계의 인지 작용이 있다고 생각했습니다. 이 6가지 인지 작용은 흔히 아래와 같은 피라미드 형태로 표현됩니다.[21]

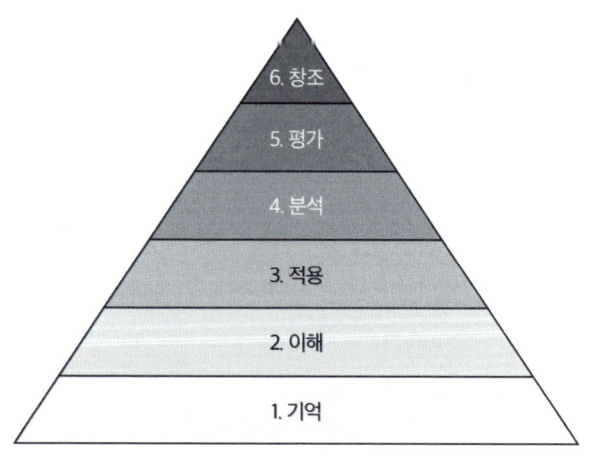

<블룸의 교육 목표 분류>

피라미드 속 내용을 아래에서부터 열거해 보면 다음과 같습니다.

1. 어떤 정보를 '기억'하기
2. 정보의 의미를 '이해'하기
3. 정보를 새로운 상황에 '적용'하기
4. 정보 자체를, 혹은 그 정보를 바탕으로 관련된 무언가를 '분석'하기
5. 정보 자체를, 혹은 그 정보를 바탕으로 관련된 무언가를 '평가'하기
6. 분석과 평가를 바탕으로 무언가를 '창조'하기

피라미드 하위에 있는 기억이나 이해와 같은 인지 작용은 상위의 인지 작용이 일어나기 위해 먼저 일어나야 하는 기초적인 인지 작용입니다. 그리고 상위의 인지 작용은 여러 하위의 인지 작용이 동시에 요구되는 복합적이고 고차원적인 인지 작용이라고 볼 수 있습니다.

  여기서 우리에게 특별히 중요한 점은, 이 각각의 인지 작용이 특정 학습 내용에 대해 선생님께서 바라시는 학습 목표가 되기도 한다는 것입니다. 즉, 선생님들은 어떤 내용에 대해 학생들이 기억하거나 이해하는 것까지만 바라실 수도 있고, 아니면 분석이나 평가와 같이 보다 고차원적인 인지 작용까지 기대하실 수도 있습니다.

블룸의 교육 목표 분류를 학습 목표라는 측면에서 영어에 적용해 보면 다음과 같습니다.

1. **기억**: (유치원생이) 알파벳 혹은 기초적 영어 표현을 **기억**할 수 있다.
2. **이해**: (초등학생이) 단어나 문장의 뜻을 **이해**할 수 있다.
3. **적용**: (중학생이) 자신이 배운 단어나 표현을 처음 그것을 배웠던 맥락 밖에도 **적용**할 수 있다.
4. **분석**: (고등학생이) 어떤 문장을 보고 문법적으로 옳은가를 **분석**할 수 있다.
5. **평가**: (대학생이) 영어로 된 글의 타당성 혹은 심미성을 **평가**할 수 있다.
6. **창조**: (직장인이) 자신의 의사를 전달하기 위해 영어로 문장을 **만들(창조할)** 수 있다.

두 번째 표준편차 이야기

이번에는 블룸의 교육 목표 분류를 표준편차에 적용하며 각 단계의 인지 작용을 보다 자세히 살펴보겠습니다.

1. **기억**: 학습에 있어 가장 기초적인 인지 작용은 바로 주어진 내용을 **기억**하는 것입니다. 비록 그 내용에 대한 이해가 결여되어 있을지라도 말입니다. 예를 들어, 표준편차의 정의를 쓸 수 있거나 공식을 기억해 두었다가 표준편차 값을 구할 수 있게 되었다고 해 보겠습니다. 이때 그 정의가 의미하는 바가 정확히 무엇인지, 아니면 왜 그러한 공식을 사용해 표준편차를 구하는지, 혹은 그 결과로써 나온

숫자가 무엇을 의미하는지는 이해하지 못한 채 정의도 쓰고 계산도 맞게 하는 것이 가능합니다. 즉, 이해 없이 **기억**하는 것이 가능한 것입니다.

▶ 많은 학생은 이러한 기억에 초점을 맞춘 학습을 하는 반면, 선생님들은 기억을 가장 낮은 수준의 학습 목표로 여기시곤 합니다(선생님들도 교사가 되시는 과정에서 이 블룸의 교육목표 분류를 배우십니다). 그래서 선생님들은 기억 이상의 고차원적인 인지 작용을 요하는 문제를 반드시 시험에 포함하십니다. 이것은 기억 이상의 인지 작용도 해내는 학생들을 변별하기 위함이기도 합니다.

2. **이해**: 기억보다 상위의 인지 작용은 학습한 내용을 **이해**하는 것입니다. 표준편차의 경우 공식을 따라 계산되어 나온 결괏값이 무엇을 의미하는지를 아는 것이 이해에 해당합니다. 앞서 우리는 '책의 가치 판단을 위해 앞부분만 읽으실 분을 위한 글'에서 표준편차의 개념과 공식에 대한 이야기를 나누었습니다. 이를 통해 '아, 표준편차의 기본 개념이 무엇이고, 왜 공식이 그렇게 이루어져 있는지를 알게 되었다'라고 하셨던 분들도 가령, 5, 6, 7, 8, 9 다섯 개 숫자의 표준편차가 1.414일 때, 이 1.414가 무엇을 의미하는지는 선뜻 답하기 어려울 수 있습니다. 이때, 1.414의 의미가 '5, 6, 7, 8, 9 다섯 개 숫자 각각이, 이 숫자들의 평균인 7로부터 떨어져 있는 각 거리들의 평균' 임을 아는 것이 **이해**입니다.

▶ 이렇게 어떤 개념을 자기 스스로의 언어로 표현해 낼 수 있을 때 진정한 이해를 하고 있다고 볼 수 있습니다. 자신이 '안다'고 생각했던 것을 입 밖으로 꺼내어 설명하고 남에게도 가르치다

보면, 안다고 생각했지만 말로는 표현해내지 못하는 것들을 발견하곤 합니다. 이러한 메타인지를 바탕으로 부족한 부분을 보완해 나가는 것이 같은 내용을 반복하는 것보다 훨씬 효과적인 학습법입니다.

3. **적용**: 기억과 이해 다음의 인지 작용은, 처음 학습 시의 맥락에서 이해했고 기억한 내용을, 같은 맥락이 아닌 낯선 상황에까지 **적용**해 보는 것입니다. 통상 적용이 가능하기 위해서는 기억과 이해라는 보다 기초적인 인지 작용을 어느 정도는 할 수 있어야 합니다. 가령, 한 집단의 자료를 바탕으로 익힌 표준편차 개념을 두 집단의 점수 분포 비교라는 새로운 맥락에도 잘 **적용**하기 위해서는, 표준편차 개념에 대한 기억과 이해가 바탕이 되어야 하는 것입니다.

> ▶ 적용은 처음의 학습 맥락과 그 내용을 적용해야 할 새로운 맥락 사이의 유사성에 따라 난이도가 달라집니다. 표준편차의 경우 5, 6, 7, 8, 9가 아닌 새로운 숫자 다섯 개에 공식과 개념을 적용하는 것은 비교적 쉬운 적용이라 할 수 있습니다. 반면, 처음에는 한 집단의 표준편차를 구하고 그 의미를 이해하는 것에 초점을 두다가, 나중에는 두 집단의 표준편차를 구하고 이를 통해 그 두 집단의 점수 분포를 비교해야 한다면, 이것은 다소 어려운 적용에 해당합니다. (참고로 표준편차가 더 클수록 그 집단의 점수 분포가 더 띄엄띄엄 떨어져 있음을 의미합니다. 반면 표준편차가 작을수록 점수들이 평균에 다닥다닥 붙어 있음을 뜻합니다.)

4. **분석**: 분석은 학습 내용 자체에 대한 것일 수도 있고, 그 학습 내용을 바탕으로 관련된 다른 무언가를 **분석**하는 것일 수도 있습니다.

그러나 그 대상이 무엇이 되었든 통상 분석은, 전체 학습 내용을 구성하고 있는 보다 작은 내용들을 이해하고 그들 간의 **연결 관계를 파악**하는 것이 핵심입니다. 예를 들어 표준편차를 구할 때, 왜 편차를 제곱한 후에 그 편차들의 평균을 구하며, 왜 마지막에는 제곱근을 해줘야 하는지를 파악하는 것이 **분석**의 예가 될 수 있습니다. 즉, 편차의 합이 언제나 0이기 때문에 표준편차 역시 늘 0이 됩니다. 따라서, 모든 편차를 양수로 만들어 주기 위해 편차를 제곱한 후, 나중에 제곱근을 해줌을 파악하는 것이 분석의 예입니다.

▶ 분석은 매우 포괄적인 개념으로서, 이후에 언급할 평가라는 교육 목표와 겹쳐 보이기도 합니다. 그러나 우리에게 중요한 것은 블룸의 교육 목표 분류 중 분석과 평가가 정확히 무엇을 의미하는지를 아는가가 아닙니다. 우리에게 중요한 것은 우리가 '기억하고, 이해하고, 적용까지 할 수 있으면 됐다'라고 생각할 때에, 우리의 선생님이나 시험의 출제자들은 그보다 높은 수준의 인지 작용을 요구할 수도 있음을 인식하는 것입니다.

5. **평가**: 평가라는 인지 작용 역시 분석과 마찬가지로 학습 내용 그 자체에 대한 것일 수도 있고, 혹은 그 내용을 바탕으로 다른 무언가의 가치를 **평가**하는 일일 수도 있습니다. 표준편차의 경우, 편차의 합이 늘 0이기 때문에 제곱과 제곱근을 해줘야 하는 면이 있습니다. 이에 대해 가령, 다음과 같은 평가를 해볼 수도 있습니다.

"편차를 제곱한 후에 그 편차들의 평균을 구했다가 다시 제곱근을 하는 과정 때문에 계산이 복잡해진다. 따라서 편차를 제곱하지 않아도 되는 표준편차 계산법이 있다면 좋을 것이다."

이러한 **평가**는 자연스레 블룸의 교육 목표 분류 중 가장 상위의 인지 작용인 '창조'로 이어집니다. 가령, 편차를 제곱하는 과정 없이 표준편차를 구하는 새로운 방식을 모색해 볼 수 있는 것입니다.

▶ 평가와 분석, 그리고 곧 이야기할 창조라는 인지 작용은 학생들에게는 너무 고차원적이고 어렵게 느껴질 수 있습니다. 게다가 수학 공식과 같은 내용을 평가하고, 그에 관한 무언가를 창조한다는 것은 학생 입장에서는 쉽게 생각할 수 없는 일입니다. 그러나 여기서 중요한 점은 여러분이 이러한 분석, 평가, 창조를 제대로 해낼 수 있는지가 아닙니다. 정말 중요한 점은 다음의 두 가지를 인식하며 공부하는 것입니다.

1. 고차원적인 인지 작용이 반드시 시험에서 요구될 것이다.
2. 고차원적 인지 작용을 시도하며 공부하는 것이, 그러한 상위의 인지 기능을 숙달시킬 뿐만 아니라 하위의 인지 작용, 즉 기억, 이해, 적용을 강화한다. (고차원적 인지 작용이 하위의 인지 작용에 대한 훈련이 된다는 점은 다음 단락에서 보다 구체적으로 살펴보겠습니다.)

6. **창조**: 표준편차에 대한 '분석'의 단계에서 우리는 편차의 합이 언제나 0이기 때문에 표준편차 역시 늘 0이 되는 문제에 주목했습니다. 그리고 '평가'의 단계에서는, '편차를 **제곱**한 후에 평균을 구했다가 다시 제곱근을 구하는 번거로운 계산 과정이 없는, 보다 쉬운 표준편차 계산 방식이 있으면 좋겠다'라는 평가를 내렸습니다. 그러한 새로운 표준편차 계산법으로 다음과 같은 방법을 생각해 볼 수 있습니다.

1. 편차의 합이 0이 되는 이유는 어떤 편차는 양수이고 어떤 편차는 음수이기 때문이다. 즉, 양수인 표준편차와 음수인 표준편차가 서로를 상쇄하여 편차의 합이 늘 0이 되는 것이다. 기존의 표준편차 계산 방식은 편차를 제곱하여 이 문제를 피해 왔다. 그런데 만약 편차를 양수로 만드는, 제곱이 아닌 다른 방식을 사용한다면, 나중에 제곱근을 취하는 단계를 줄여 절차를 간소화할 수 있을 것이다.

2. 편차를 양수로 만드는 가장 쉬운 방법은 제곱 대신 절댓값을 취하는 것이다. 편차에 절댓값을 취한 후에, 이렇게 절댓값을 취한 편차값들의 평균을 구하는 것 역시, 점수 분포도를 구하는 한 방법이 될 수 있을 것이다. 가령, 5, 6, 7, 8, 9의 표준편차가 1.414일 때, 편차에 절댓값을 취해 점수 분포도를 구해보면 그 값은 아래와 같이 1.2가 된다.

$$\frac{|5-7|+|6-7|+|7-7|+|8-7|+|9-7|}{5} = \frac{2+1+0+1+2}{5} = \frac{6}{5} = 1.2$$

3. 이 결괏값은 표준편차 1.414와 크기도 매우 유사하다. 게다가 이러한 계산 과정은 기존의 표준편차 계산 과정보다 훨씬 간결하고, 그 결과를 직관적으로 이해하기도 쉽다. 위의 값 1.2가 의미하는 바는, 평균인 7과 각 숫자 사이에 존재하는 거리의 평균이 1.2라는 의미로서 표준편차의 개념과 동일하지만, 그 의미가 보다 쉽게 이해될 수 있다.

> (실제로 통계학자들도 이렇게 편차에 절댓값을 취하여 점수들이 평균으로부터 떨어진 평균 거리를 구하기도 하는데, 이를 평균적인, 절댓값을 취한 편차들이라 하여 '평균 절대 편차'라 부릅니다.)

다시 한번 말씀드리지만, 이러한 분석, 평가, 창조는 학생의 입장에서는 하기 쉬운 일이 아닙니다. 그러나 이러한 상위의 인지 기능이 여러분의 학습에 갖는 중요한 의미는, 여러분도 직접 분석, 평가, 창조를 **시도**해 보며 공부해야 한다는 것입니다. 왜냐하면 고차원적인 인지 작용이 킬러 문제라고도 불리는 어려운 문제를 푸는 훈련이 될 뿐만 아니라, 시험에서 기본적으로 요구되는 기억, 이해, 적용도 완성할 수 있도록 도와주기 때문입니다.

지금부터는 어떻게 상위의 인지 작용이 하위의 인지 작용을 도울 수 있으며, 블룸의 교육 목표 분류에 대한 이러한 모든 논의를 바탕으로 한, 우리가 반드시 해야 할 공부의 모습이 무엇인지에 대해 알아보겠습니다.

상위 인지 작용의 효과:
하위 인지 기능의 강화

 우선 어떤 학습 내용에 대해 상위의 인지 작용을 하는 것이 어떻게 그 학습 내용에 대한 하위의 인지 기능을 강화하는지에 대한 이야기를 해 보겠습니다. 특히, 하위의 인지 작용이 아직 완벽하지 않을 때에도 상위의 인지 작용을 하는 것이 왜 효과적인 학습 전략인지를 살펴보겠습니다. 그런데 사실 우리는 그 증거 몇 가지를 이미 자세히 살펴본 바 있습니다. 가령, 이 책의 서두에서 비밀 코드를(ㅠ - 1, ㅠ - 2, ㄱ - 3…) 이야기하며, 아직 **암기**도 불완전하여 단순히 암기하는 것만이 목적일 때에도, 그 내용을 확연히 **이해**함으로써 암기 효과가 극적으로 높아짐을 살펴본 것입니다. 즉, 블룸의 교육 목표 분류상 하위에 있는 기억을 해야만 이해를 할 수 있는 것이 아니라, 이해라는 상위의 인지 작용을 통해 기억이라는 하위의 인지 작용이 거의 불필요하게 된 것입니다.
 마찬가지로 **적용**이라는 인지 작용을 하다 보면, 자신이 이해한 어떤 내용이 어느 상황에는 들어맞고 또 어느 상황에는 들어맞지 않는지를 깨닫게 되는데, 이렇게 동일한 학습 내용을 여러 상황에서 비교해보는 것 역시 그 내용에 대한 **이해**를 깊게 합니다. 가령, 표준편차를 이용해 두 집단의 분포를 비교하는 상황에 처음 놓인 학생들은 표준편차에 대한 자신의 이해가 충분치 않음을 깨닫곤 합니다. 표준편차가 숫자들의 분포 정도를 나타낸다는 것을 이해했어도, 예를 들어, 평균은 같고 표준편차만 다른 두 집단에 대해서는 어떠한 해석을 해야 하는지는 아직 잘 모르고 있음을 깨닫게 되는 것입니다. (참고로, 평균이 똑같이 80점인 두 반이라 하더라도, 표준편차가 큰 반은 학생 간 실력 차가 큰 반이고, 표준편차가 작은 반은 그러한 개인차가 거의 없는 반인 것입니다.) 그런데 아직 표준편차에 대한 이해가 완전치 않은 학생들도, 이렇게 새로운 맥락에 자신의 지식을 적용하다 보면, 불완전했던 이해가 보다 견고해지곤 합니다. 가령, 서로 표준편차가 다른 두 집단을 자꾸 비교하다 보면, 경우에 따라 표준편차가 큰 것이 좋기도 하고 작은 것이 좋기도 하다는 것, 혹은 크고 작은 점수 분포를 유발하는 다양한 요인들이 있다는 것도 접하게 됩니다. 중요한 점은, 이러한 과정에서 적어도 표준편차의 기본 개념, 즉 한 집단의 점수 분포도를 숫자로 나타낸다는 개념이 보다 분명해진다는 것입니다.

마지막으로 분석이나 평가와 같은 상위의 인지 작용은, 필연적으로 기억, 이해, 적용과 같은 하위의 인지 작용을 수반하게 되고, 그 과정 역시 자연스레 하위의 인지 작용을 강화합니다. 가령, 수업 시간 토의 과제로, 친구들과 표준편차의 장단점에 대해 **평가**를 해야 한다고 생각해 보겠습니다. 이때 우리는 표준편차의 정의, 계산 과정 등을 작업 기억 속에 계속 띄워 놓은 상태로 이야기해야만 합니다. 즉, 방금 배웠기 때문에 가만히 내버려두면 사라져 버렸을 이 내용들을, 토론을 위해 어떻게든 작업 기억 속에 계속 유지해야만 하는 상황에 처한 것입니다. 더불어 자신이 가진 논리와 평가 기준을 장기 기억으로부터 불러와 함께 작업 기억에 띄워놓고 표준편차에 적용해야만 합니다.

이렇게 새로 배운 내용이 아직 견고하게 기억되거나 이해되지 않은 상태에서, 그것을 계속 작업 기억에 유지하기 위해 나의 주의 자원을 할애하는 상황은 인지적으로 꽤 부담이 됩니다. 토론을 하지 않았다면 작업 기억에 들어왔다가 금세 사라져버렸을 그 내용들을 꾸역꾸역 붙잡아두기 위해 나의 주의 자원을 꾸준히 할애해야 하기 때문입니다. 게다가 장기 기억에서 불러온 논리나 평가 기준과도 유의미한 연결을 맺어야 하니, 이것은 한마디로 머리에서 열이 나는 상황인 것입니다.

그러나 인지심리학자들은 바로 이러한 상황에서의 학습이 단순 반복을 통한 학습보다 훨씬 효과적임을 누누이 확인해 왔습니다. 새로 배운 어떤 내용을 학습자가 단순 반복하여 작업 기억 속에 유지하는 것을 인지심리학자들은 유지 되뇌기$^{Maintenance\ Rehearsal}$라 부릅니다. 반면, 같은 내용에 대해 '**왜**' 혹은 '**어떻게**'를 생각하며 보다 정교한 정보 처리를 하고, 새로운 지식과 기존 지식 사이의 유의미한 연결을 맺는 과정을 정교화 되뇌기$^{Elaborate\ Rehearsal}$라 부릅니다. 그리고 수많은 인지심리학 연구가 반복적으로 밝혀낸 사실은 바로 이 정교화 되뇌기가 유지 되뇌기에 비해 훨씬 효과적으로 지식을 응고한다는 점입니다.

정리하자면, **어떤 학습 내용에 대한 우리의 기억, 이해, 적용이 완벽하지 않은 때에도 분석, 평가, 창조를 시도하면, 그 상위의 인지 작용이 하위의 인지 작용도 강화한다는 것입니다.**

블룸의 교육 목표 분류: 시사점

학창 시절 저는 시험 직전에 배운 내용을 다시 읽는 공부법을 선호했습니다. 반복해서 책을 읽고 그 내용을 머릿속에 잘 담아둘 수만 있다면, 비록 어려운 시험 문제를 만나더라도 어찌어찌 즉석에서 풀어낼 수 있을 것이라고 생각한 것입니다. 그러나 블룸의 교육 목표 분류를 통해 알 수 있는 것처럼, 분석, 평가, 창조와 같은 고도의 인지 작용을 요하는 문제들은 단순 기억이나 이해를 요구하는 문제에 비해 쉽게 풀기 어려운 것들입니다. 열심히 공부해 책을 달달 외웠는데도, 시험에 나온 어떤 문제들에는 손도 댈 수 없던 기억이 누구나 있을 것입니다. 단순 기억과 이해에만 초점을 맞춰 시험 준비를 했기에 분석이나 평가를 요하는 문제 앞에서는 쩔쩔맬 수밖에 없었던 것입니다.

흔히 말하는 고차원적 인지 작용을 요구하는 문제까지 풀어내기 위해서는 평소에 하는 스스로의 공부에 대한 자기 점검이 필요합니다. 즉, '내가 현재 하는 공부가 기억, 이해, 적용, 분석, 평가, 창조 중 어디에 초점이 맞춰져 있는가'를 수시로 점검해야 하는 것입니다. 그래서 만약 특정 내용을 학습한 후에 자신이 그 내용에 대한 기억에만 집중했다고 판단된다면 그다음에는 이해를, 그 후에는 적용을 시도해봐야 합니다.

그런데 기억, 이해보다 난해한 개념인 적용, 분석, 평가와 같은 인지 작용을 평소에 어떻게 훈련할 수 있을까요? 아래에서는 이러한 상위의 인지 작용을 자연스레 우리가 일상에서 하는 학업 속에 집어넣는 방법에 대해 살펴보겠습니다.

수업 시간에 해야 할 일

블룸의 교육 목표 분류를 마무리하며, 여러분이 수업 시간에 하셔야 할 일, 그리고 수업을 들은 날 밤에 하셔야 할 일을 소개해 드리겠습니다. 우선, 수업 시간에 하셔야 할 일입니다. 소개하겠습니다.

수업중 가장 중요한 일은 바로 블룸의 교육 목표 분류에 따라 수업을 해나가시는 선생님의 가르침을 수업동안 잘 받아 두는 것입니다. 블룸의 교육 목표 분류는 선생님께서 학습 내용을 전달하실 때 사용하시는 유용한 순서가 되기도 합니다. 즉, 선생님들께서는 기억해야 할 정보를 소개하시고, 그 내용을 이해하는 데 도움이 될 설명을 하시고, 그 내용을 다른 맥락에 적용하시는 등의 순서를 따라 학습 내용을 전달하시곤 하는 것입니다. 여러분이 수업에서 하셔야 할 가장 중요한 일은, 바로 **이러한 순서를 따라 전달되는 내용을 듣고 크고 작은 깨달음을 얻어가는 것**입니다.

이와 동시에 여러분이 수업 시간에 보조적으로 하셔야 할 일이 있는데, 그것은 바로 수업 시간에 소개되는 각각의 수업 내용에 대해 **선생님께서 우리에게 바라시는 인지 수준의 깊이를 짐작**해 보는 것입니다. 그리고 기억과 이해보다 상위의 인지 작용인 적용, 분석, 평가와 같은 인지 작용을 요하는 듯한 내용에 대해서는 **체크**를 해두는 것입니다. 기억과 이해는 대부분의 수업 내용이 공통적으로 요구하는 인지 작용입니다. 반면 적용, 분석, 평가는 상대적으로 소수의 내용에 대해서만 요구됩니다. 따라서 우리는 선생님께서 기본적 내용만 말씀하시고 넘어가는 내용과, 좀 더 심도 있는 논의를 하시는 내용을 구분해 두어야 합니다.

선생님들께서는 이러한 짐작을 돕는 힌트를 알게 모르게 주십니다. 가령, 다음과 같은 말씀들을 수업 시간에 종종 하시는 것입니다.

> "이건 꼭 기억해야 해" (**기억**)
> "기억만 하려 하지 말고, 이해도 하고 있어야 해" (**이해**)
> "다른 맥락에 적용도 할 수 있어야 해" (**적용**)
> "이러한 유형의 문제가 나오면, 우선은 어떠어떠한 특징이 있는지부터 찾아봐. 그래서 A라는 특징이 있으면 이렇게 문제를 풀고, B라는 특징이 있으면 저렇게 문제를 풀어야 해" (**분석**)

선생님께서 이러한 힌트 단어들을 사용하시지 않는 경우에도, 우리는 선생님의 기대를 어느 정도는 짐작할 수 있습니다. 가령, 선생님께서 우리가 기억해야 할 어떤 내용은 언급만 하시고 넘어가시고, 다른 어떤 내용에 대해서는 이해를 위한 설명도 해주시고, 또 다른 내용에 대해서는 낯선 상황에 적용도 해보시고, 혹은 그보다 더 심도 있는 논의(분석 / 평가)까지 하시는 것을 보며, 우리에게 바라는 인지 작용의 깊이를 짐작해 볼 수 있는 것입니다. 수업 중 이러한 짐작이 드는 경우에는, 기억과 이해 정도면 되는지, 아니면 그 이상이 필요해 보이는지 정도로만 나누어, 적용 이상의 인지 작용이 요구되는 듯 보이는 내용에 대해 체크를 해 둡니다.

만약 수업 도중에 이러한 체크를 하지 못했다면, 수업 후 약 5분간 자리에 앉아 방금 들은 수업 내용을 머릿속에 정리해 두면서 상위의 인지 상위의 인지 작용이(적용 이상이) 요구되어 보이는 듯한 내용에 자신만의 표시를 해 둡니다.

수업을 들은 날 밤에 해야 할 일

선생님께서 의도하신 인지 수준이 가령 이해인지, 적용인지 등을 짐작하게 된 경우에도, 사실 그러한 학습 목표가 어떠한 문제를 통해 평가될 것인지까지는 쉽게 알 수 없습니다. 따라서 우리에게는 **수업을 들은 그날 가장 먼저 해야 할 일**이 있습니다. 그것은 바로,

>   해당 내용에 대한 숙제나 (기출)문제를 풀어보는 것입니다.

이를 통해 주어진 학습 내용에 대해 선생님께서 우리에게 바라시는 인지 수준이 어디까지인지를 다시 한번 짐작할 수 있을 뿐만 아니라, 그렇게 요구된 인지 기능이 구체적으로는 어떠한 문제를 통해 측정되는지 알 수 있습니다. 이것이 바로 선생님 혹은 출제자가 바라는 방향과 깊이에 맞게 공부하는 가장 직접적인 첫걸음이 됩니다.

수업 날 바로 문제를 풀 때의 유의사항 세 가지입니다.

수업 날 밤 문제부터 풀 때의 유의사항: 1. 주저하지 마십시오.
수업을 들은 날 바로 문제를 풀라는 제안에, '뭘 알아야 문제를 풀든지 말든지 하지'라는 생각이 드실 수 있습니다. 그러나 수업

을 들은 날에 하는 문제 풀이는 답을 맞히는 것에 목적이 있지 않습니다. 오직 '오늘 배운 내용이 결국은 이렇게 평가가 이루어지는구나'를 일찍 아는 것에 목적이 있습니다.

최근의 인지 심리학자들은 심지어 채 수업을 듣기 전부터 문제를 풀어야 한다고도 주장합니다. 내일 수업에서 배울 내용에 대해 문제부터 풀어보고 수업에 들어가는 것도 도움이 된다는 것입니다. 네이처 자매지인 「사이언스 오브 러닝 Science of Learning」에서 2019년 발표된 한 연구에 따르면[22], 수업 직후에 문제부터 푸는 학습 순서의 시험 성적이 가장 높았습니다. 그다음으로 높은 성적은 수업 직전 그날 배울 내용에 대해 쪽지 시험부터 보는 (그런데 나는 깜빡 예습을 안 한) 경우처럼 문제부터 풀고 수업을 듣는 경우였고, 가장 효과가 떨어지는 공부 순서가 바로 수업을 듣고 책을 반복해서 읽는 경우였습니다. 그러니 수업 후 문제부터 푸는 건, 수업 전부터 풀자고 하는 것에 비해 양반이라고 할 수 있고, 또 효과도 훨씬 뛰어납니다.

그럼에도 불구하고 오랜 학습 습관 때문에 어느 정도 외우고, 어느 정도 이해한 후에야 문제를 풀어야 할 것처럼 느껴지실 수 있습니다. 그러나 무엇을 얼마만큼 외워야 할지 정하기 위해서라도 수업을 들은 바로 그날, 문제부터 풀어보십시오. 그 이유가 아래에 소개되어 있습니다.

수업 날 밤 문제부터 풀 때의 유의사항: 2. 기억을 위해서라도 문제부터 푸십시오.

앞서 신(信)의 장에서 우리는 인출 훈련이 기억 향상에 큰 효과를 가져옴을 살펴 봤습니다(헨리 뢰디거가 초등학교와 중학교에서 수행했던 연구 기억 나시나요?). 반면, 반복 읽기는 아무것도 하지 않은 경우와 큰 차이를 보이지 않았습니다. 그러니 수업을 들은 날 여러분의 시간을, 여러분이 흔히 하시던 반복 읽기가 아닌 문제 풀이에 사용하시길 바랍니다. 이렇게 문제를 풀며 일부 내용의 암기가 자연스레 일어난 후에 학습 내용을 암기하기 시작해도 늦지 않습니다.

이때, 여러분의 기억을 보다 강화해 줄 지침 한 가지가 아래에 소개되어 있습니다.

수업 날 밤 문제부터 풀 때의 유의사항: 참고 자료 없이 현재 가진 지식으로만 푸십시오.

수업 당일 문제를 풀며 꼭 기억해야 하는 점은, **절대로 책이나 노트를 참고하며 문제를 풀지 않는다**는 것입니다. 예습과 수업을 통해 이미 머릿속에 갖게 된 내용만을 가지고, 비록 답답하고 끙끙거리는 노력이 필요할지라도, 그 상태에서 그대로 문제를 풀어보십시오. 가령, 다음과 같은 방식으로 문제를 풀지 말라는 것입니다. 특정 유형을 대표하는 문제 풀이를 접한 후, 그와 유사한 다른 문제들을 풀고, 또 다른 유형의 문제 풀이를 접한 후 그와 유사한 문제들을 푸는 식의 문제 풀이를 하시지 말라는 것입니다. 대신, 오늘 배운 내용에 대한 문제집 속 문제나 숙제를, 다른 참고 자료 없이 풀어보는 것입니다. 연구자들에 따르면 아직 안정적으로 자리 잡지 않은 내용을 힘겹게 꺼낼 때 그 정보가 강하게 응고된다고 합니다.

그러나 무엇보다 중요한 것은…

앞서 언급한 것처럼, 수업을 들은 날 밤 문제를 푸는 행위는 문제를 풀어내거나 암기하는 것 자체에 목적이 있는 것이 아닙니다. 수업 날 밤에 하는 문제 풀이의 궁극적 목적은, 그날 배운 학습 내용에 대해 선생님께서 바라시는 인지 작용이 결국 어떤 형태의 문제로 측정되는지를 파악하는 것입니다. 문제 풀이를 통해, **어떤 내용이 시험 문제로 나올 만큼 중요하고, 결국 그 내용에 대해 내가 할 수 있어야 하는 것이 무엇인가**부터 파악한 후에 공부를 시작하시길 바랍니다. 내가 무엇을 외워야 하는가, 내가 무엇을 이해해야 하는가 등은, 평가 기준을 그 내용은 어떤 형태의 문제로 나오는가를 파악한 후에 시작해도 결코 늦지 않습니다. 게다가 시간으로 따져도, 그날 배운 내용에 대해서만 문제를 푸는 것은 약 20분이면 됩니다.

- 블룸의 교육 목표는 학생들의 인지 작용을 기억, 이해, 적용, 분석, 평가, 창조의 6가지 수준으로 나뉜다.
- 비록 낯설고 어색할지라도 우리는 학습 내용에 대한 상위의 인지 작용을 시도해 보아야 한다. 왜냐하면 이것이 자연스레 하위의 인지 작용을 강화하기 때문이다.
- 우리는 수업 중 선생님께서 블룸의 교육 목표 분류에 따라 전달해 주시는 크고 작은 깨달음을 잘 얻어가야 한다. 이와 더불어 선생님께서 특정 학습 내용에 대해 우리에게 바라시는 인지 수준이 무엇인지를 짐작하고 표시해 두어야 한다. 특히, 적용 이상의 인지 작용을 요하는듯한 내용에 표시를 해둔다.
- 수업 직후에는 방금 들은 수업 내용을 가만히 머릿속에서 정리해 본다. 이때, 수업 중 미처 체크하지 못한, 상위의 인지 작용이 요구되는 듯한 내용을 체크해 둔다.
- 수업 날 밤에는 최대한 일찍, 현재 머릿속에 있는 지식만을 이용해 해당 내용에 대한 문제 풀이를 한다. 이를 통해 선생님이나 출제자가 그날 배운 내용에 대해 정해두신 교육 목표가 구체적으로는 어떠한 문제를 통해 평가되는지 파악한다.

- 문제 풀이 과정 속에서 우리는 일부 내용을 자연스럽게 응고시킬 수 있다.
- 수업 날 문제 풀이에는 약 20분의 시간을 들인다.

블룸의 교육 목표 분류: 마무리 퀴즈

Q: 블룸의 교육 목표 분류에 대한 이야기를 바탕으로, 선생님들께서 여러분에게 분석, 평가, 특히 창조를 요하는 수행 평가 과제를 종종 내주시는 이유에 대해 짐작해 볼 수 있을까요?

분석, 평가, 특히 창조를 요하는 과제를 내주시는 이유를 짐작해 자신만의 언어로 2분간만 적어봅니다. 이때, 블룸의 교육 목표 분류 속 6개의 인지 작용 모두를 언급해 보세요.

_____
_____
_____
_____
_____

위의 질문에 대한 답변을 저의 언어로 적어보았습니다.

선생님과 각종 시험의 출제자들은 교육자가 되는 과정에서 블룸의 교육 목표 분류를 배우신다. 그리고 이 과정에서 상위의 인지 작용이 갖는 중요성도 배우신다. 특히 창조는 종종 학습의 궁극적 단계로서 부각되기도 한다. 이러한 이유 때문에, 선생님들께서는 창작을 비롯한 분석 및 평가와 같은 고차원적 인지 작용을 요하는 수행 평가 과제들을 내주신다. 특히 선생님들께서는 우리가 이러한 과제들을 수행하며, 해당 내용에 대한 고차원적 인지 작용을 경험할 기회를 가질뿐만 아니라, 그 내용에 대한 기억, 이해, 적용과 같은 보다 하위의 인지 능력도 강화하기를 바라시는 것이다.

잠시 쉬세요…

이제 우리는 점점 더 이 책의 핵심으로 다가가고 있습니다. 나무로 비유하자면, 나무 정중앙의 가장 단단한 부분으로 접근하고 있는 중입니다.

　블룸의 교육 목표 분류에 대한 내용들이, 특히 여러분의 공부에 대해 갖는 시사점이 여러분 안에서 잘 응고될 수 있도록 시간도 주시고, 잠시 명상도 하시면서 쉬엄쉬엄 글을 읽으시기 바랍니다. 그리고 필요하다면 메타인지 독서법도 활용해 가며 글을 읽어 보시기 바랍니다.

세 번째 해(解): 기억 장인들의 학습법

이번 단락에서 우리는 학습에 관한 의미 있는 깨달음을 안겨줄 세 부류의 기억 장인들을 만날 것입니다.
첫 번째 기억 장인은 '단순 반복의 장인'으로서 그는 또한 심리학 역사상 최초로 인간의 기억을 연구한 학자입니다.

두 번째 기억 장인들은 첫 번째 기억 장인과는 비교도 할 수 없을 정도의 탁월한 기억 능력을 보이는 '세계 기억력 대회의 장인들'입니다.

세 번째 기억 장인들은 두 번째 기억 장인들과 마찬가지로, 일반인과는 다른 탁월한 기억 능력을 보이는 기억 장인들입니다.
다만, 두 번째 기억 장인들이 실생활에는 도움이 되지 않을 내용들을 놀랄 만큼 잘 기억하는 반면, 세 번째 기억 장인들은 우리가 시험을 볼 때 꼭 필요한 내용들을 속속들이 잘 알고 있는 기억 장인들입니다.

이 세 부류의 기억 장인들을 통해, 우리는 어떻게 학습하는 것이 효율적인지를 자연스레 배우게 될 것입니다.

단순 반복의 달인

1880년대 독일의 한 도시, 한 남자가 책상 앞에 앉아 무언가를 중얼거리고 있습니다. 그는 손에 13개의 단어가 적혀 있는 노트를 들고, 빠르게 똑딱거리는 메트로놈 소리에 맞춰 그 단어들을 읽어나갑니다.

"TAQ, RIC, JOZ, QIB, MOT, …"

세 개의 알파벳으로 이루어진, 언뜻 보면 영단어처럼 보이는 이 단어들은 사실 아무 의미가 없는 '가짜 단어'입니다. 그가 이 13개의 가짜 단어를 빠르게 읽어나가는 데에는 약 5초의 시간이 걸립니다. 그렇게 빠르게 단어들을 한 번씩 읽은 후, 그는 또다시 메트로놈 소리에 맞춰 이 단어들을 읽습니다. 이 과정을 반복하기를 약 30여 차례, 마침내 그는 이 단어들을 보지 않고도 순서대로 읊을 수 있게 됩니다. 그리고 그는 이 가짜 단어 리스트를 학습하는 데 걸린 시간을 적어 둡니다: 3분.

다음 날, 어제의 학습을 마친 후 정확히 24시간의 시간이 지났습니다. 남자는 어제 자신이 공부한 단어 리스트를 다시 한번 공부합니다. 분명 어제 틀리지 않고 말할 수 있었던 단어들임에도 오늘은 떠오르지 않는 단어들이 많습니다. 그래서 그는 어제 외웠던 리스트의 단어들을 순서대로 읊을 수 있도록 또다시 암기하기 시작합니다. 학습 방법은 어제와 동일합니다. 메트로놈 소리에 맞춰 빠른 속도로 단어들을 반복해서 읽는 것입니다. 리스트에 있는 13개 단어를 틀리지 않고 다시 말할 수 있게 되면, 그는 또 한 번 그 리스트를 공부하는 데 걸린 시간을 적어 놓습니다: 2분.

그리고 그는 이 과정을 다른 단어 리스트를 이용해 9번 더 반복함으로써 총 10번을 채웁니다. 사실 그는 이런 실험을 오랫동안 지속해 왔습니다. 어제는 첫 학습과 복습 사이의 시간 간격이 24시간이었지만, 처음 그가 이러한 실험을 시작했을 때에는 그 간격이 20분이었습니다. 그러던 것을 점차 학습과 점차 학습과 복습 사이의 시간 간격을 늘려, 1시간 그리고 9시간의 간격을 지나 오늘은 24시간의 시간 간격을 테스트해 본 것입니다. 이후에도 그는 시간 간격도 늘려가며 이러한 실험을 반복할 계획입니다. 앞으로 그는, 2일, 6일, 그리고 31일의 간격을 둘 계획입니다.

도대체 이 사람은 누구고 무엇을 하는 중일까요? 그리고 이렇게 첫 학습과 복습 사이의 시간 간격을 늘려가며, 과연 그는 자신의 기억에 관해 무엇을 발견하게 되었을까요?

에빙하우스의 망각 곡선

이 사람은 독일인 허만 에빙하우스^{Hermann Ebbinghaus}입니다. 그는 인간의 기억을 체계적으로 연구한 첫 연구자이자 최초의 인지심리학자 중 한 명입니다. 특히 그는 인간 기억의 망각 속도에 대한 연구를 수행했습니다. 즉, 무언가를 학습하고 일정 시간을 기다린 후 우리가 그 일정 시간 동안 얼마나 많은 내용을 잊었는가를 연구한 것입니다. 앞서 묘사한 실험은 바로 에빙하우스가 자기 스스로의 망각의 속도를 연구한 실험이었습니다. 이 실험에서 그는 무의미한 단어들을 만들어 학습하고, 일정 시간이 지난 후에 자신의 기억을 다시 테스트했습니다. 그가 사용한, 첫 번째와 두 번째 학습 사이의 시간 간격은 총 7개로 다음과 같습니다.

20분, 1시간, 9시간, 24시간, 48시간, 6일, 31일

단어 리스트를 처음 암기한 후 일정 시간이 지나면 당연히 잊어버리는 내용이 생깁니다. 그리고 에빙하우스는 이 잊어버린 내용을 다시 채워 넣기 위해 즉, 복습을 하기 위해 처음과 동일한 방식으로 재학습을 했습니다(빠르게 움직이는 메트로놈 소리에 맞춰 단어를 반복해서 읽기). 이 과정에서 그는 두 가지 일관된 현상을 발견합니다.

첫째, 복습에 걸리는 시간이 첫 번째 학습에 걸린 시간에 비해 언제나 짧다. 에빙하우스는 이러한 **학습 시간의 단축**이 바로 자신이 첫 학습 시에 습득한 정보에 대한 기억의 지표라고 생각했습니다. 즉, 첫 번째 학습 시에는 13개의 단어를 학습하는 데 3분이 걸린 반면, 두 번째 학습 시에는 2분이 걸렸다면, 이 1분의 시간 단축이 바로 첫 학습 시에 얻은 정보 중 복습 시까지 남아있던 기억에 대한 지표라고 생각한 것입니다. 그리고 이러한 기억의 지표는, 언제나 첫 번째 학습에 걸린 시간보다 두 번째 학습에 걸린 시간이 짧음을 나타냈습니다. 즉, 처음 학습할 때 배운 내용 중 일부가 언제나 두 번째 학습 시까지 조금은 남아있었다는 뜻입니다.

그가 발견한 두 번째 사실은, **첫 학습과 복습 사이의 시간 간격이 늘어날수록 두 번째 학습에 걸리는 시간 역시 점점 늘어났다**는 것입니다. 즉, 기억

의 지표가 시간이 지남에 따라 점점 낮아졌다는 것입니다. 가령, 첫 학습 후에 20분만 지났다면, 1분 정도의 재학습만으로도 단어 리스트를 다시 외울 수 있었습니다. 그런데 첫 학습 후에 하루가 지나면, 그 단어들을 다시 외우기 위해 공부해야 하는 시간이 2분으로 늘어났습니다. 즉, 첫 학습 직후에는 기억하고 있는 내용이 많아서 복습에 걸리는 시간이 적지만, 첫 학습 후 경과 시간이 늘어남에 따라 망각하는 내용도 많아지고 복습에 필요한 시간 또한 늘어나는 것입니다.

이렇게 에빙하우스는 **단순 반복, 혹은 비연결 학습법**을 통해 학습한 **무의미한 정보의 망각 속도**를 연구했고, 그 결과는 아래와 같은 그래프로 요약됩니다. 이 그래프에서 X축은 첫 학습 시점에서부터 복습 시점까지의 경과 시간을 나타냅니다. 구체적인 경과 시간은 그래프상에 점으로 표시되어 있습니다(20분, 1시간, 9시간, 24시간, 48시간, 6일, 31일). Y축은 첫 학습 시에 배운 내용 중 복습 시점까지 남아있던 기억의 양에 대한 지표로서 % 단위로 나타나 있습니다. 그래프가 아래로 내려갈수록 더 많은 내용을 잊었음을 뜻합니다.

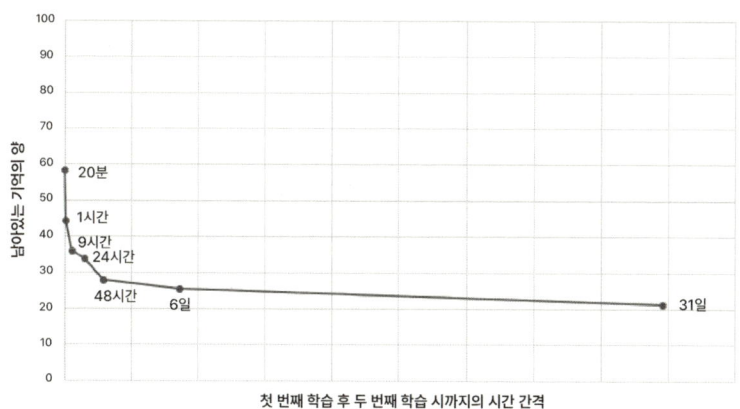

<에빙하우스의 망각 곡선>

이 그래프의 결론은 어떤 무의미한 정보를 단순 반복하여(비연결 학습을 통하여) 학습하는 경우, 시간이 지날수록 그 기억이 매우 빠르게 사라진다는 것입니다. 즉, 단순 반복을 통해 아무 의미가 없는 내용을 공부한 후 20분만 지나도 기억했던 내용의 40%가 사라지고, 1시간이 지나면 50% 이상이 사라집니다. 하루가 지난 시점에서는 약 30%밖에 남아있지 않습니다. 만일 우리가 시험 전날부터 반복 읽기나 쓰기를 통해 한자나 영단어를 외우기 시작했다면, 만 하루가 지난 시험 당일에는 우리가 전날 외운 단어 10개 중 3개 정도만 남아있을 것입니다. 결국 이 그래프는, 단순 반복을 통해 무의미한 내용을 학습한 인간이 겪어야만 하는 빠른 망각 속도를 보여줍니다.

에빙하우스의 학습에 빠진 세 가지 요소

에빙하우스가 자신의 기억 연구에 사용한 학습자료와 학습 방법에는 효과적 학습을 위한 세 요소가 결여되어 있었습니다. 다음 네 개의 보기 중, 에빙하우스의 학습에 빠져 있던 효과적 학습을 위한 3요소를 짐작해 보세요.

1. 학습 내용 자체가 가지는 의미
2. 학습 내용이 유발하는 감정이나 정서
3. 학습 내용과 내가 이미 알고 있는 지식 사이의 연결
4. 학습 내용을 습득하고 응고시키기 위한 노력

짐작하시는 것처럼, 에빙하우스의 학습에 빠져 있던, 효과적 학습을 위한 3요소는 바로 1, 2, 3번입니다. 마지막 4번 즉, 에빙하우스가 학

습을 위한 노력을 했는지의 여부만 따지자면, 그가 한 행위에는 충분한 노력이 있었다고 볼 수 있습니다. 그가 수없이 많은 단어를 틀리지 않고 외울 수 있을 때까지 무한 반복의 노력을 기울였던 것입니다. 다만 그 노력이 효과적이지 않았을 뿐입니다.

그런데 에빙하우스는 왜 이러한, 효과적 학습의 3요소를 뺀 것일까요? 사실 에빙하우스는 인간의 정신 작용 중 망각이라는 정신 작용을, 다른 방해 요소의 간섭 없이 연구하고자 했습니다. 즉, 그는 의도적으로 자신의 망각을 방해할 수 있는 요소들을 배제한 것입니다. 그런데 그것이 망각의 방해 요소라 함은, 반대로 생각하면 그것들이 있을 때에는 망각이 잘 일어나지 않음을 의미합니다. 즉, 망각을 방해하는 3요소는 **효과적 기억과 학습을 위한 3요소**인 것입니다.

이 세 가지 요소의 의미를 정리하며 첫 번째 기억 장인인, 단순 반복 장인의 이야기를 마치겠습니다. (다음 장에서 우리는 이 3요소를 적극 활용하는 기억 장인들을 만나볼 것입니다.)

효과적 기억과 학습을 위한 3요소

1. 학습 내용 자체가 가지는 의미: 에빙하우스는 자신의 학습 대상인 단어들이 아무런 의미가 없도록, 알파벳의 자음 - 모음 - 자음을 무의미하게 배열하여 가짜 단어들을 만들었다. 이렇게 가짜 단어를 만들던 중 우연히 실제 영단어나 독일어 단어와 유사한 단어가 만들어질 경우, 그는 그 유사 단어들을 학습 대상에서 제외했다. 자신에게 어떤 의미가 있거나, 이미 알고 있는 단어와 유사한 단어를 학습할 경우 그것이 망각을 막을

것임을 그는 이미 알고 있었다.

우리가 학교에서 배우는 내용 중에도 이처럼 무의미해 보이는 내용들이 많이 있다. 가령 근의 공식과 같은 수학 공식 ($\frac{-b \pm \sqrt{b^2-4ca}}{2a}$)은 표준편차 공식과는 달리, 겉만 봐서는 그 의미를 파악하기 힘들다. 마찬가지로 처음 보는 한자나 어근을 짐작하기 힘든 영단어도 학습 내용 자체에 어떤 의미가 있다고 보기 힘들다. 가령, sprain이라는 단어가 왜 신체 부위를 삐다라는 의미를 갖는지 쉽게 알 수 없다. 따라서 우리는 이러한 학습 내용을 에빙하우스처럼 반복해서 외우게 되고, 그 결과 에빙하우스의 망각 곡선에 따라 매우 실망스러운 망각 경험을 하게 된다.

하지만 이것은 반대로 말하면, 무의미해 보이는 학습 대상일지라도 그것이 나에게 특별한 의미를 갖도록 만든다면 학습 효율이 급격히 올라갈 것임을 의미한다.

2. **학습 내용이 유발하는 감정이나 정서**: 에빙하우스가 한 것처럼 수없이 많은 단어를 단순 반복하여 외우는 과정은 아무런 정서를 유발하지 않거나, 유발한다면 부정적인 정서만 유발할 뿐이다. 그리고 익히 알다시피, 내가 아무런 흥미를 느끼지 않는 내용, 궁금하거나 관심이 없는 내용은 몇 번을 들어도 잘 기억나지 않는다.

반면, 강렬한 정서가 수반된 정보는 여러 번의 반복 없이도 단기 기억에서 장기 기억으로 즉각 옮겨지곤 한다. 이것은 반대로 말하면, 아무런 감흥을 일으키지 않는 학습 내용일지라도, 그것을 강한 정서와 연결할 수만 있다면 학습 효율이 높아질 것임을 의미한다.

3. **학습 내용과 내가 이미 알고 있는 지식 사이의 연결**: 에빙하우스가 사용한 무의미한 단어들은 그가 가지고 있던 기존 지식과의 '연결'을 허락하지 않는다. 즉, 'TAQ'와 같은 단어들은 에빙하우스가 가진 영어 지식이나 다른 어떤 배경지식과도 연결될 수 없었던 내용이다. 반대로 그가 'EAT', 'HOT', 'DOG' 등과 같이 말이 되는 단어들을 유의미한 순서로 나열하여 학습했다면 그가 밝힌 망각 곡선은 지금과는 훨씬 다른 모습이었을 것이다. 이것은 반대로 말하면, 새로 배우는 학습 내용을 우리가 이미 알고 있는 내용과 적극적으로 연결 짓는다면, 보다 많은 내용을 효과적으로 기억할 수 있음을 의미한다.

어쩌면 이 책을 읽는 여러분 중에는 자신이 매일 해온 공부가 결국 에빙하우스의 실험과 유사한 것이었다고 느끼셨을지도 모릅니다. 의미 없는 내용을 특별한 감흥 없이, 혹은 하기 싫은 감정만을 담은 채, 배경지식과의 연결 없이 무수히 반복하는 비연결 학습을 해온 것입니다. 그 결과는 평범한 인간이라면 따를 수밖에 없는 내리막 위주의 망각 곡선입니다. 에빙하우스의 학습에 결여되었던 세 요소를 빠뜨린 상태에서는 아무리 노력해도 이 망각 곡선을 벗어나기 힘듭니다.

그런데 에빙하우스의 실험이 거의 그대로 반복되고 있는 또 다른 장소에서는, 수많은 사람들이 에빙하우스의 망각 곡선을 보기 좋게 깨부수고 있습니다. 이 사람들 역시 무의미하게 배열된 숫자나 뒤죽박죽 섞인 포커 카드 등을 외우고 있지만, 이들의 기억력은 우리의 상상을 초월합니다. 이들은 과연 누구이고 어떻게 그렇게 많은 내용을 빠르게 외울 수 있는 것일까요?

> 🔑 에빙하우스는 인간의 망각 속도를 그래프로 표현했다. 그는 망각을 방해하는 요소를 배제하기 위해 다음과 같은 3요소를 그의 학습에서 제외했다.
> - 학습 내용이 자체가 가지는 의미
> - 학습 내용이 유발하는 감정이나 정서
> - 학습 내용과 내가 이미 알고 있는 다른 지식과의 연결
>
> 이 3요소가 없을 때 인간의 기억이 보이는 망각 속도는 매우 실망스러운 것이다. 하지만, 이 세 요소를 적극적으로 활용한다면 우리의 기억력은 크게 향상될 수 있다.

기억력 대회에 참가한 기억 장인들

3.14로 시작하는 π, 그 끝없는 숫자의 일부를 옮겨보면 다음과 같습니다.

3.1415926535897932384626433827950288419….

에빙하우스가 외웠던 무의미한 단어들, 혹은 우리가 앞서 만났던 비밀 코드와 마찬가지로, π 속 숫자들은 의미도, 감정도, 그리고 기존 지식과의 연결도 허락하지 않는 정보입니다. 그런데 여기 수십 명의 사람들이 이러한 무의미한 숫자 1,000개를 한 시간 내에 틀리지 않고 외우려 노력하고 있습니다. 이 1,000개의 숫자는 천천히 읽는 데에만 10분이 넘게 걸립니다. 하지만 이 사람들은 이 숫자들을 틀리지 않고 외워 관중을 놀라게 하고 있습니다. 이들은 숫자뿐만 아니라 단어, 그림, 날짜, 이름, 사람 얼굴과 같은 정보도 정상인은 엄두도 못 낼 속도와 정확성으로 외워낼 수 있습니다.

아마 여러분은 생각하실 것입니다. '이 사람들은 평범한 사람들이 아니겠지,' '이들은 일상 생활에서도 한 번 본 것은 잊지 않는 사람들일 거야,' '그들의 뇌는 평범한 사람의 뇌와는 다르겠지'. 하지만 연구자들은 이들의 인지 기능이 지극히 평범한 수준이며, 이들의 뇌 또한 우리의 뇌와 다르지 않음을 확인합니다.

사실 이들은 취미 삼아 기억력 대회에 참가한 평범한 사람들입니다. 다만 이들은 누구나 배울 수 있는 어떤 특별한 암기법을 평소 훈련했고, 그것을 사용해 이처럼 놀라운 기억력을 선보이고 있는 것입니다. 도대체 이들은 어떤 암기법을 사용했기에 그토록 많은 내용을 빠르고 정확하게 기억할 수 있는 것일까요? 분명한 것은 그들이 사용한 방법이 무엇이 되었든, 그것이 에빙하우스의 단순 반복과는 극명하게 대비되는 방법이라는 것입니다.

앞서 이야기한 에빙하우스의 단순 반복에 빠져 있었던 3요소, 기억나시나요?

(1) 학습 내용이 자체가 가지는 의미
(2) 학습 내용이 유발하는 감정이나 정서
(3) 학습 내용과 내가 이미 알고 있는 지식 사이의 연결

이 세 가지 요소가 빠진 학습을 함으로써 에빙하우스는 인간의 뇌가 정보를 망각하는 기본 속도를 알아낼 수 있었습니다. 반면 기억력 대회에 참가한 기억 장인들은 바로 이 3요소를 적극적으로 활용함으로써 에빙하우스의 망각 곡선을 깨부수고 있었던 것입니다.

아래에서는 기억 장인들의 대표적 기억법인 '기억의 궁전' 기법을 소개하고, 그들이 효과적 학습을 위한 3요소를 얼마나 적극적으로 활용하는지 살펴보겠습니다.

기억의 궁전 암기법

기억의 궁전 암기법은 다음과 같은 특징을 가집니다.
- 무의미해 보이는 숫자마저도 자신에게 **유의미한 무언가**로 바꾼다.
- 그 바뀐 무언가가 역겨움과 같은 **강한 정서**를 수반하도록 한다.
- 또 그 바뀐 내용들을 자신이 **이미 잘 알고 있던 공간에 연결**한다.

 예를 들어 긴 숫자 리스트를 외워야 할 때, 기억 장인들은 우선 각각의 숫자를 자신만의 방식을 통해 어떤 이미지로 바꿉니다. 가령 다음과 같은 방식으로 말입니다.

숫자를 이미지로 변환하는 규칙의 예
(지면을 아끼기 위해 3, 8, 9를 이미지로 변환하는 예만 살펴보겠습니다.)

3: 아주 커다란 입술(숫자 3은 입술을 나타내는 이모티콘으로 사용되기도 합니다). 이 커다란 입술이 뽀뽀하려고 다가온다. 질척한 침이 입술을 뒤덮고 있다.

8: 일본 영화에 나오는, 다루마라고 불리는 무서운 빨간 오뚜기. 시뻘건 피를 줄줄 흘리고 있다.

9: 구구하며 우는 커다란 비둘기. 원래 비둘기를 싫어하는데 이 비둘기는 크기가 자동차만 하다. 그래서 더 싫다.

기억 장인들은 우선, 이처럼 자신만의 방식으로 숫자들을 이미지로 바꿉니다. 이때 각 이미지가 역겨움, 두려움 등의 정서를 잔뜩 유발하도록 합니다. 이러한 과정을 통해 에빙하우스의 학습에서는 배제되었던, 효과적 학습의 첫 두 요소(학습 내용 자체가 가지는 의미 그리고 정서)를 자신의 학습에 강하게 포함시킵니다.

이제 기억의 궁전 기법의 가장 중요한 작업이 남았습니다. 바로 이미지로 변환된 숫자를 자신에게 익숙한 공간과 연결하는 것입니다. 예를 한 번 들어보겠습니다.

(1) 자신이 매우 잘 알고 있는 공간을 연상한다. 가령 자신의 집을 떠올린다. 혹은 자신이 늘 머릿속에 담고 다니는 궁전의 모습을 떠올린다.

(2) 자신이 외워야 하는 숫자들이 변환된 이미지를 이 공간 곳곳에 배치시킨다. 이때 자신에게 익숙한 동선을 따라가며 이미지를 배치한다. 가령, 외워야 할 숫자가 3, 8, 9일 때, 첫 번째 숫자 3의 커다란 입술은 현관에, 두 번째 숫자 8의 무서운 오뚜기는 신발장에, 세 번째 숫자 9의 커다란 비둘기는 복도 입구에 배치한다. 이때, 이미지들을 단순히 각 장소에 배치하는 것뿐만 아니라, 이들과 내가 하게 되는 행동들을 하나의 이야기로 만든다. 가령,

현관문을 열자 커다란 입술이 질척한 침을 흘리며 뽀뽀하려고 달려든다. 내가 그 밑으로 슬라이딩하여 현관문을 지나자, 신발장 위에서 기다리고 있던 오뚜기가 나를 짓누르려 한다. 이를 간신히 피해 복도로 들어가려는데, 복도를 꽉 메운 커다란 비둘기 한 마리가 나를 노려보고 있다 ……

(3) 모든 이미지의 배치와 이야기 전개가 끝나면, 자신에게 익숙한 동선을 따라 집안을 돌아다니며 이야기를 되뇌고 숫자들을 하나씩 말한다. 즉, 현관에서 커다란 입술의 뽀뽀를 피하고(3), 신발장 위에서 달려드는 오뚜기를 피하자(8), 복도를 가로막은 비둘기를 만났다(9).

기억 장인들은 이러한 기억의 궁전 암기법을 평소 훈련하며 자신이 외울 수 있는 숫자의 분량을 점차 늘려갑니다.

기억의 궁전 기법의 의의와 한계

기억의 궁전 기법은 효과적 학습을 위한 3요소를 다시 한번 잘 일깨워줍니다. 즉, 효과적 학습을 위해서는,

1. 학습 내용 자체를 나에게 의미 있는 무언가로 변환시켜야 하고,
2. 그것이 나에게 강한 정서를 유발하게 해야 하며,
3. 학습 내용을 내게 이미 익숙한 정보와 긴밀하게 연결해야 한다.

그러나 우리가 해야 하는 공부에는 기억의 궁전 기법이 잘 적용되지 않습니다. 보통 우리가 학습하는 내용들은 이미 그 자체로서 분명한 의미가 있는 내용들입니다. 여기에 굳이 자극적인 새 의미를 부여한 후, 그것들을 집안 곳곳에 배치해가며 우스꽝스러운 이야기를 만드는 것은 이미 분명한 의미가 있는 학교 학습 내용에는 적합하지 않습니다. 따라서 기억의 궁전 기법은 어쩌다 한 번이면 모를까, 꾸준히 사용할 수 있는 방법은 아닙니다. 게다가 이 방법은 수능과 같이 기억뿐만

아니라 고차원적 인지 작용을 요하는 학습에는 적절치 않습니다.

그런데 여기 우리가 마지막으로 만나야 할 또 한 부류의 기억 장인들이 계십니다. 이분들은 우리가 학교에서 접하는 많은 양의 학습 내용을 잘 기억하고 계실 뿐만 아니라, 그 내용에 대한 고차원적 인지 작용까지도 해내실 수 있습니다. 물론 이분들 역시 기억력 대회에 참가하는 기억 장인들처럼 효과적 학습의 3요소를 자신의 학습에서 자연스레 활용하십니다. 다만, 이분들은 기억의 궁전 기법에서와 같이 학습 내용 본연의 의미를 대신할 무언가를 고안하지 않으십니다. 과연 이분들은 어떠한 방식으로 효과적 학습을 위한 3요소를 활용하고 계신 걸까요?

 기억력 대회에 참가하는 기억 장인들은 효율적 학습을 위한 3요소를 적극 활용한다.

(1) 학습 내용 자체를 나에게 의미 있는 무언가로 변환하기
(2) 강한 정서를 유발하기
(3) 학습 내용을 내게 이미 익숙한 정보와 긴밀하게 연결하기

비록 기억력 대회에 참가하는 기억 장인들의 기법은 효율적 학습을 위한 3요소를 다시 한번 일깨워 주기는 하지만, 현실의 학습에는 적합치 않다.

학교의 기억 장인: 선생님

선생님들은 자신이 맡은 과목에 대한 엄청난 기억 능력을 갖추고 계십니다. 복도나 교무실에서 무언가를 여쭤봐도, 이분들은 우리가 가진 질문에 대해 그 자리에서 답해 주실 수 있습니다. 많은 양의 지식을 늘 머릿속에 담고 계시다가 편안하게 꺼내시곤 합니다. 게다가 단순 기억뿐만 아니라, 이분들은 학습 내용에 대한 이해, 적용, 분석, 평가, 창조와 같은 고도의 인지 능력 작용도 수월하게 해내십니다.

어떻게 이분들은 그렇게 다양한 지식을 습득하여 응고시키고, 고도의 인지 기능까지 갖추실 수 있었을까요? 분명한 것은 그분들이 에빙하우스처럼 무수히 많은 단순 반복을 하지 않으신다는 것입니다. 또한 선생님들은 기억 대회의 장인들처럼 기억의 궁전 기법을 사용하지도 않으십니다. 그렇다면 그분들은 평소에 무엇을 하실까요?

수업 준비, 수업, 평가

교사나 강사는 직업의 일종이고, 직업을 가진 사람은 누구나 주된 '업무'를 가지고 있습니다. 선생님의 주된 업무는 바로 '수업 준비 / 수업 / 평가'입니다. 이러한 선생님의 업무를 수업 전, 수업 중, 수업 후 세 시점으로 나누어 살펴보면 다음과 같습니다.

수업 전
1. **주어진 수업 목표에 기반해 시험과 답**을 만든다. 즉, 수업 전 **평가의 기준**부터 명확히 정립한다.
2. 가르쳐야 할 내용 **전체를 먼저 살펴본 후,** 수업에 필요한 각종 **정보를 수집**하고(예: 일상 생활에서의 적용 사례), 자기 자신만의 언어로 된 **설명을 준비**한다.

수업 중
3. **실제 발표 설명**을 한다. 이 과정에서 학습 내용에 대한 스스로의 이해 및 설명 능력에 대한 **메타인지가 형성**된다.
4. **학생들로부터 피드백**을 받는다. 즉, 학생들의 표정이나 질문을 통해 자신의 설명에서 부족한 점과 **학생들이 어려워하는 부분을 깨닫는다**. 이 역시 학습 내용 및 학생들에 대한 메타인지에 해당한다.

수업 후
5. 학생들의 숙제와 시험을 **채점**하고 다시 한번 자신의 수업이 가진 한계와, 학생들이 어려워하는 내용에 대한 **메타인지가 강화**된다.

6. 자신의 메타인지와 학생으로부터의 피드백을 바탕으로 수업 내용을 보완해 간다.

선생님들께서 매일 하시는 이 활동들이 바로 그분들을 해당 과목에 대한 기억 장인으로 만들어 주는 것입니다. 저 자신을 돌이켜 보아도, 제가 인지심리학이나 통계에 대한 기억 장인이었기에 그 수업을 맡게 된 것이 아닙니다. 오히려 그 과목들에 대한 업무(수업 준비 / 수업 / 평가)를 하는 과정에서 제가 그 과목에 대한 기억 및 인지적 장인이 되었다고 할 수 있습니다.

선생님의 인지 활동을 학생들이 한다고, 학생이 선생님처럼 될 수 있을까?

여러분이 어떤 학습 내용에 대해 마치 선생님들처럼 '수업 준비 / 수업 / 평가'를 한다면, 여러분도 그 내용에 대한 기억 및 인지적 장인이 될 수 있을까요? 답은 **'그렇다!'**입니다. 비록 선생님과 완전히 동일한 수준에 이르지는 못할지라도, 시험에서 만점을 얻기에는 충분한 수준에 이를 수 있습니다. 실제로 각종 시험에서는 늘 여러 명의 만점자가 나옵니다. 이들은 선생님의 경지에는 이르지 못했을지 모르나, 만점을 받기에는 충분한 경지에 오른 것입니다. 그리고 분명 이들의 학습에는 이 책이 소개하는, 그리고 선생님들께서 자연스레 사용하시는 학습법이 곳곳에 담겨있습니다.

대학에서도 학생들이 친구나 후배를 가르치도록 하는 프로그램이 있습니다. 이를 동료 교수법$_{Peer\ Teaching}$이라 부르는데, 이러한 프로그램에 속한 '학생 선생님' 중에는 교수님보다 더 좋은 수업을 하는 학생들도 있습니다. 청출어람이라는 말처럼 스승보다 뛰어난 제자가 되는 것입니다. 그런데 동료 교수법에 관한 연구들이 공통적으로 밝혀낸 중요한 사실 한 가지가 있습니다. 그것은 바로, 선생님과 학생의 관계에 있는 두 학생 중 보다 큰 학습 효과를 얻는 쪽은 바로 **선생님 역할을 하는 학생**이라는 것입니다. 즉, 처음에는 학생으로서 배우고, 그 다음에는 선생님이 되어 가르치는 경험을 한 학생들이, 두 번 학생 역할을 한 학생들보다 더 높은 성적을 거두는 것입니다.

    드디어 여러분은 이 책의 핵심에 이르렀습니다. 지금부터 여러분은 선생님의 인지 활동이 가져오는 놀라운 학습 효과의 원리를 하나씩 이해하시게 될 것입니다. 그리고 바로 그러한 이해가 행(行)의 장에 소개된 인지-메타인지 학습 시스템을 자연스레 받아들이고 실천까지 하게 되는 동력이 되어줄 것입니다.

    우선 선생님들께서 처음 학습 내용을 접하시거나 수업을 준비할 때 보이시는, 학생이라면 절대 보이지 않을 특징 한 가지부터 살펴보겠습니다. 그것은 바로 그분들이 어떤 내용을 접할 때, **누군가를 가르칠 마음으로 배운다**는 것입니다. 과연 이 선생님 고유의 마음가짐이, 그러한 마음을 따라내 본 학생들의 성적도 올려줄 수 있었을까요?

네 번째 해(解): 선생님의 학습법

수업 전
선생님처럼 학습하기 0: 남을 가르치려는 마음으로 배우기
선생님처럼 학습하기 1: 예상 시험 문제 만들기
선생님처럼 학습하기 2: 수업 준비하기

수업 중
선생님처럼 학습하기 3: 말로 설명하며 가르치기
선생님처럼 학습하기 4: 학생과 상호작용하기

수업 후
선생님처럼 학습하기 5: 채점과 피드백 제공하기

선생님처럼 학습하기 0:
남을 가르치려는 마음으로 배우기

사람들은 종종 "너의 의도는 중요치 않다. 행위의 결과만이 중요하다"라고 말합니다. 그러나 의도가 더 중요한 경우도 있습니다. 바로 학습이 그러한 경우 중 하나입니다. 연구자들에 따르면 학생들이 어떤 마음가짐으로 학습에 임했는지에 따라 결과가 전혀 다르게 나타난다고 합니다. 특히, 두 학생이 동일한 내용을 동일한 시간 동안 학습하더라도 선생님처럼 가르칠 의도를 가지고 있었는가 아니면 자기 스스로가 시험을 잘 보기 위해 공부했는가에 따라 학습 성적에 큰 차이가 나타난다고 합니다.

학습 의도의 효과에 대한 실험 소개

누군가를 가르치겠다는 마음으로 학습한다는 것은 학생의 입장에서는 갖기 힘든, 선생님 고유의 마음가짐입니다. 연구자들은 이렇게 **가르치려**

는 의도 자체가 선생님을 더 나은 학습자로 만드는 것은 아닌가 하는 궁금증을 가졌습니다. 한 걸음 더 나아가, 학생들도 마치 선생님처럼 가르칠 마음으로 무언가를 배운다면, 자신이 시험을 잘 보기 위해 수업을 들을 때보다 더 나은 학습 결과를 보이지는 않을까 하는 의문도 생겼습니다. 이러한 질문들에 답하기 위해 연구자들은 다음과 같은 실험을 진행했습니다.

우선 모든 면에서 유사한 특성을 가진 두 학생 집단을 선정합니다. 그리고 이들로 하여금 같은 내용을 같은 시간 동안 학습하게 합니다. 이때 첫 번째 집단의 학생들에게는 학습 후에 그 내용을 학생 역할을 맡은 다른 누군가에게 **가르쳐야** 한다고 말했습니다. 그리고 자신이 가르친 학생들이 시험을 잘 보면, 선생님 역할을 한 본인들에게도 금전적 혜택이 돌아간다고 말했습니다(가르치는 조건). 반면 두 번째 집단의 학생들에게는 학습 후 본인 스스로가 시험을 볼 것이며 시험에서 높은 성적을 거두면 금전적 혜택을 받는다고 말했습니다(가르치지 않는 조건).

이 두 학생 집단 모두가 동일한 시험을 보는 것으로 실험은 마무리됩니다. 즉, 선생님 역할을 맡았던 학생들도, 그리고 본인 스스로가 시험을 잘 보기 위해 공부한 학생들도 똑같은 시험을 직접 치르는 것입니다. (연구자들은 가르치는 조건에 속한 첫 번째 집단의 학생들에게, 학생 역할을 해야 할 다른 실험 참가자가 그날 오지 못하게 되어 그들 스스로가 시험을 봐야 한다고 말했습니다.)

여기서 우리가 반드시 기억해야 할 점이 있습니다. 그것은 바로, **두 집단의 학생들이 동일한 내용을 동일한 시간 동안 학습했다는 것**입니다. 달랐던 점은 눈에 보이지도 않는 마음가짐뿐이었습니다. 그런데 실험 결과, 누군가를 가르쳐야 한다는 마음으로 공부한 첫 번째 집단의 학생들이 자기 스스로 시험을 잘 보기 위해 공부한 두 번째 집단의 학생들보다 10% 정도 더 높은 성적을 거두었습니다[23]. 여기서 다시 한번 강조할 점은, 이 두 집단의 학생들이 동일한 내용을 동일한 시간 동안 공부했다는 사실입니다. 다만 연구자의 한마디, '**가르쳐야 합니다**' 때문에 첫 번째 집단의 학생들은 다른 누군가를 위해 공부를 하기 시작했고, 이들의 성적이 10%나 높아진 것입니다.

이 연구의 대상은 미국의 대학생들로, 이들은 영단어 660자 정도로 이루어진 학습자료를 15분간 공부한 후에 8분 동안 시험을 봤습니다. 시험은 학습 내용의 핵심 내용과 더불어 부수적인 내용의 세부 정보에 대한 기억을 측정하는 객관식 8문제, 주관식 8문제로 이루어져 있었습니다.

인지심리학의 많은 실험들이 그러하듯 연구자들은 딱 한 번만 이런 실험을 진행하지 않고, 유사하지만 조금씩 다른 실험을 여러 번 반복했습니다. 가령, 앞서 언급한 실험이 가르치려는 의도가 가져오는 학습 효과의 양적 측면에 집중했다면, 이후의 연구자들은 가르치려는 마음가짐이 기억의 질에 미치는 영향도 조사했습니다. 이러한 수많은 실험 결과를 바탕으로, 누군가를 가르치겠다는 마음가짐으로 공부하는 경우의 효과를 정리해 보면 다음과 같습니다.

1. 정보를 보다 잘 기억하고 이해한다[24].
2. 이해한 정보를 보다 잘 정돈된 형태로 가지고 있다[25].
3. 이러한 향상된 기억과 정보 정돈의 상태가, 학습 내용 속 부차적 정보가 아닌, 보다 핵심적인 내용에 대해 더 분명하게 나타난다[26].
4. 가르치려는 마음으로 배울 때의 긍정적 학습 효과는 학습 직후에만 잠깐 나타나는 것이 아니라, 적어도 며칠이 지난 후까지 유지된다[27].

5. 장애 학우들 또한 가르치려는 마음으로 배울 때 생기는 긍정적 학습 효과를 경험한다[28].

왜 그런가?

최근 저는 한국의 한 중학교를 방문해 창의적 체험 수업의 일환으로 학습에 관한 특강을 한 적이 있습니다. 이때 저는 강의 초반에 학생들에게 하얀 거짓말 한 가지를 했습니다. 저는 "제 수업을 들은 후 그 내용을 누군가에게 가르치셔야 하고, 그것을 영상으로 남겨 선생님께 제출하셔야 합니다"라고 말했습니다. 물론 특강을 마칠 때에는 그런 과제가 없다고 고백했고, 이에 학생들은 안도했습니다.

그런데 제 하얀 거짓말을 듣고 '내가 뭘 가르쳐야 하다니'라는 생각으로 수업을 듣는 학생들은 명확한 행동 변화를 보입니다. 우선 학생들은 그 말이 떨어지자마자 필기도구를 챙기기 시작합니다. 심지어는 오후 수업이었음에도 그때까지 책상이 빈 채 앉아 있다가 그제야 사물함에서 필기도구를 꺼내오는 학생들도 있었습니다. 그리고 전보다 바른 자세로 앉아 동그래진 눈으로 저를 바라봅니다.

이 학생들의 행동 변화는 분명 그들의 머릿속에서 일어나는 어떤 변화를 반영하고 있습니다. 과연 이렇게 누군가를 가르치기 위해 무언가를 배울 때, 우리의 머릿속에서는 어떤 일들이 일어나는 것일까요?

가르치려는 마음가짐의 인지적 효과 1: 각성 수준 및 전반적 인지 기능의 향상, 그리고 기억의 정돈

누군가를 가르쳐야 하는 상황에 놓인 학생들을 보면, 누구라도 쉽게 이 학생들의 정신이 번쩍 들고 있음을 눈치챌 수 있습니다. 학생들의 눈이 동그래지고, 눈빛도 달라지기 때문입니다(물론 몇몇 학생들의 눈빛에는 제가 낸 숙제에 대한 원망이 서려 있기도 했습니다). 인지심리학자들은 동공의 확장 정도를 이용해 사람의 각성 수준을 측정하기도 합니다. 그만큼 눈은 인간의 각성 수준을 잘 반영하는데, 가르쳐야 하는 학생들의 눈을 보면 높아진 각성 수준을 쉽게 짐작할 수 있습니다.

높아진 각성 수준은 또한 전반적인 인지 기능의 향상도 가져오는데, 그중에는 특히 수업을 듣는데 유용한 인지 기능의 향상도 있습니다. 그것은 바로 시간의 흐름에 따라 들어오는 정보들을 순서대로 잘 정리하며 받아들이는 기능입니다.[29] 이것은 수많은 정보가 쏟아져 들어오는 수업에서 내용을 잘 정리하며 받아들이는데 특히 유용한 기능입니다.

가르치려는 마음가짐의 인지적 효과2: 주의 집중

아무리 각성 수준이 높아지고 전반적인 인지 기능이 향상되었다 한들, 학생이 학습 내용이 아닌 창밖의 일에 관심을 기울이는 한 효과적 학습은 일어나지 않습니다. 앞서 감각 기억을 이야기하며 살펴봤듯, 주의를 부여받지 못한 정보는 단기 기억으로 전달조차 되지 않는 것입니다.

현재 배우고 있는 내용을 곧 누군가에게 가르쳐야 하는 사람은 자연스레 가르치는 사람의 말에 주의를 기울입니다. 자기 스스로 곧 그와 유사한 말을 해야 하기 때문입니다. 창밖의 일 따위에 잠시라도 한눈을 팔았다가는 내가 곧 가르쳐야 할 누군가 앞에서 창피를 당할 수도 있습니다. 아니면, 놓친 내용을 채워 넣기 위해 나중에 더 많은 시간을 소모해야 할지도 모릅니다.

게다가 지금 눈앞에서 벌어지고 있는 수업을 똑같이 가르쳐야 하는 사람은 선생님께서 전달하시는 세부적인 내용에까지 주의를 기울입니다. 가령 선생님의 표현, 예시, 비유, 심지어 농담까지도 놓치지 않으려 듭니다. 반면, 자기 스스로가 시험을 봐야 하는 사람들은 선생님이 전하시는 내용 중, 조금이라도 시험과 관련이 없다고 생각되는 내용은 배제해버리곤 합니다. 즉, 시험과 직결된 내용만 남기고 나머지는 제거하여 학습 내용을 간소화하려고 하는 것입니다. 이것은 선생님의 농담까지도 담아두려는, 가르치려는 마음가짐으로 배우는 사람의 모습과는 정반대의 모습입니다.

　에빙하우스의 망각 곡선이 보여주듯, 학습 내용을 간소화하고 다른 정보와의 연결을 끊으며 그것만을 반복하는 비연결 학습법은 인지적으로 가장 비효율적인 학습 방법입니다. 반면, 새로운 학습 내용을 다른 여러 정보와 연결 짓는 연결 학습법은 훨씬 더 효율적인 학습법입니다. 가르칠 마음을 가지고 수업의 세부 내용에까지 주의를 기울이는 학생은, 주요 학습 내용을 응고시키는 데 필요한 관련 정보를 자연스레 많이 보유하게 되고 보다 높은 학습 효율을 보입니다.

가르치려는 마음가짐의 인지적 효과3: 학습 내용에 대한 큰 안목 갖기
가르쳐야 하는 사람은 선생님의 농담과 같은 세부적 내용에까지 관심을 기울일 뿐만 아니라, 가르쳐야 할 내용 전체를 먼저 조망하는 안목 또한 갖추게 됩니다. 즉, 학습 내용에 대한 세부 정보뿐만 아니라, 큰 그림도 놓치지 않는 것입니다.

　이와 관련한 실험이 하나 있습니다. 이 실험의 참가자들은 동일한 중요도를 가진 여러 주제를 포함하는 글을 학습해야 했습니다. 그리고 앞서와 마찬가지로 한 그룹의 학생들은 가르치려는 마음가짐으로 공부했고, 다른 한 그룹의 학생들은 자신이 시험을 잘 보기 위해 같은 내용을 공부했습니다. 실험 결과, 가르치려는 의도를 가졌던 학생들은 글에 포함된 여러 주제를 골고루 잘 기억했던 반면, 자기 자신이 시험을 잘 보려 공부한 학생들은 일부 중요 내용을 놓치기도 했습니다.[30]

즉, 가르치려는 의도가 학습 내용 속 중요 내용들을 놓치지 않도록 도와준 것입니다.

학습자료 속 중요 내용들을 놓치지 않으려는 모습은 남을 가르쳐야 하는 사람들이 보이는 공통된 특징입니다. 만약 자신이 중요한 내용을 빼먹고 가르치지 않는다면, 배우는 사람은 그에 대해 답하는 것 자체가 불가능하기 때문입니다. 따라서 가르쳐야 하는 사람은, 자신이 꼭 가르쳐야 할 중요 내용부터 먼저 파악하고, 적어도 그것만큼은 놓치지 않으려 듭니다.

가르치려는 마음가짐의 메타인지 효과: 자신이 잘 모르는 부분에 대한 인식
질문 한 가지를 드리겠습니다. 무언가를 가르쳐야 하는 사람은 수업을 준비할 때 자신이 잘 아는 내용에 대해 더 신경이 쓰일까요, 아니면 자신이 잘 모르는 부분에 더 신경이 쓰일까요? 짐작하시는 것처럼, 가르쳐야 하는 사람은 자신이 잘 모르는 내용에 대해 보다 민감해집니다.[31]

가르치는 사람은 자신이 잘 알고 있는 내용에 대해서는 편안함을 느끼는 반면, 자기 스스로도 확신이 없는 내용에 대해서는 그런 편안함을 느끼지 못하게 됩니다. 한 번 분량의 수업 내용 속에서 이렇게 자신에게 편안함을 주는 내용과 불편함을 주는 내용이 함께 존재하기 때문에, 가르치는 사람은 자신이 무엇을 좀 더 잘 알고, 무엇은 잘 모르는지를 쉽게 인식할 수 있게 됩니다. 이러한 인식이 바로 자기 자신의 지식에 대한 '메타인지'입니다. 그리고 가르쳐야 하는 사람은 자연스레 자신이 잘 모르는 부분에 대해 더 많은 준비를 하게 됩니다.

반면 자기 스스로 시험을 잘 보고자 하는 사람은, 여러 이유에서 자신이 이미 알고 있는 부분을 반복적으로 공부합니다. 아는 것을 보다 확실히 한 후에 잘 모르는 부분으로 나아가고자 할 수도 있고, 아는 부분을 공부할 때 얻는 안도감 때문일 수도 있습니다. 혹은 자신이 그 내용을 아는지 모르는지에 대한 메타인지가 아직 없기 때문에, 이미 아는 내용을 반복하는 것일 수도 있습니다. 그 이유가 무엇이 되었든, 자신이 분명히 모르는 내용을 놔둔 채, 잘 아는 내용을 반복하는 것은 지극히 비효율적인 학습법입니다.

<가르쳐야 하는 사람은 자신이 잘 모르는 내용에 더 많은 주의를 기울이게 된다>

가르치려는 마음가짐은, 자신의 지식에 대한 메타인지를 끌어올려주고, 자신의 약한 부분에 집중하게 해주는 효율성 높은 학습을 유발합니다. 반면, 이미 알고 있는 내용도 여러 번 반복하게 만드는 N회독과 같은 학습법은 메타인지적으로 효율적인 학습법이라 할 수 없습니다.

가르치려는 마음가짐에 대한 이야기를 마무리하며: 바른 마음가짐

정보를 습득하는 단계에서 학습자가 갖게 되는 여러 마음가짐, 특히 '내가 이 정보를 나중에 어떻게 사용할 것인가'와 같은 마음가짐은 학습 성과에 지대한 영향을 미칩니다.[32] 그리고 위에서 살펴본, '누군가를 가르칠 것이다' 혹은 '내가 직접 시험을 봐야 한다'와 같은 마음가짐은 우리가 가질 수 있는 수많은 마음가짐 중 하나일 뿐입니다.

학습자가 가질 수 있는 다른 마음가짐의 예로서, 학기 초에 배우는 내용을 중간고사까지만 기억하고자 하는지, 아니면 학기 말까지도 기억하고자 하는지와 같은 마음가짐도 있습니다.[33] 학기 초에 배운 내용이 중간고사까지만 나오고 그 이후의 시험에는 나오지 않는 경우, 학생들은 자기도 모르게 지금 배우는 내용을 곧 있을 시험까지만 기억하려 합니다. 반면, 학기 초에 배운 내용이 기말고사에서도 또 나온다면, 학생들은 학기 초에 공부를 하면서도 그 내용을 꽤 오래 기억해야 한다는 마음가짐을 갖게 됩니다. 그리고 이러한 다른 마음가짐은, 짐작하시는 것처럼 꽤나 다른 결과를 가져옵니다. 가령, 학기 초에 배운 내용을 오래도록 기억해야 한다는 인식을 가진 학생들은 중간고사 때까지만 학습 내용을 잘 기억하려던 학생들보다 중간고사에서도 더 높은 성적을 보입니다. 뿐만 아니라 이들은 주관식 유형의 시험 문제에서도 더 짜임새 있는 답을 내놓습니다.[34]

또 다른 마음가짐의 예로서, 주관식 시험을 염두에 두고 공부한 학생과 객관식 시험을 염두에 두고 공부한 학생들의 차이도 있습니다. 이 둘 중 어느 쪽의 마음가짐이 보다 높은 학습 효과를 가져왔을까요? 실험 결과, 주관식 문제를 염두에 두고 공부를 한 학생들의 성적이, 주관식 문항에서뿐만 아니라 객관식에서도, 객관식을만 염두에 두고 공부한 학생들보다 높았습니다.

정리하자면, 가르치기, 장기간 기억하기, 보기가 없는 주관식 대비하기처럼, 보다 어려운 공부의 길을 염두에 둔 학생들이 더 높은 시험 성적을 거두는 것입니다. 만약 여러분이 자신도 모르게 다음과 같은 학습 요령을 원하고 있었다면, 어쩌면 그러한 마음가짐이 본인의 학습을 저해하는 마음가짐이었을 수도 있음을 고려해 보셔야 합니다.

- 남을 이기는 공부법
- 쉽게 공부하는 법
- 눈앞의 시험만 어떻게든 통과하게 해주는 공부법
- 객관식 문제를 맞추는 요령

내가 알아야 할 내용을 정말 잘 알아서, 객관식뿐만 아니라 주관식도 답할 수 있고, 곧 있을 시험뿐만 아니라 먼 훗날 있을 시험도 통과할 수 있으며, 누군가에게 설명까지 할 수 있는 공부를 하겠다는 마음가짐이 바로 선생님의 마음가짐입니다. 그리고 이러한 마음가짐을 낸 학생이 위와 같은 공부 요령을 원하는 학생보다 높은 성적을 거둠을 수많은 연구가 입증하고 있습니다[35].

🔑 가르치려는 마음가짐이 갖는 인지-메타인지 효과

인지적 효과: 높은 각성 수준을 유발하여 전반적인 인지 기능의 향상을 가져온다. 특히, 학습 내용을 잘 정리하며 받아들이는 인지 능력을 향상시켜준다. 더불어, 선생님께서 전하시는 작은 내용뿐만 아니라, 학습 내용 전반에 걸친 핵심을 놓치지 않도록 도와준다.

메타인지 효과: 학습 정보 속 자신이 알고 있는 내용과 그렇지 않은 내용을 자연스레 인식하게 하고, 중요하지만 자신이 잘 모르는 내용에 집중한 학습을 유도한다.

오랜 시간 후에도, 주관식처럼 어려운 문제까지도 풀어낼 수 있도록 공부하겠다는 마음가짐은 단기 시험에서도, 객관식 문제에서도 좋은 성적을 거둘 수 있게 해주는 마음가짐이다.

쉬어가는 글

앞서 누군가를 가르치겠다는 마음가짐으로 공부하는 효과를 이야기하며, 학습 정보에 대한 큰 그림을 놓치지 않는 효과(여러 중요 내용 모두를 놓치지 않는 효과)에 대해서 언급했습니다. 이처럼 학습 내용 전체를 바라보는 큰 안목의 중요성을 결코 간과해서는 안 됩니다. 이번 쉬어가는 글에서는 학습 정보 전체를 조망하는 것의 중요성에 대해 이야기해보겠습니다[36]. 아래에 소개된 짧은 글을 읽어보세요.

> 풍선이 터지면 모든 것이 그 층으로부터 너무 멀어지기 때문에 소리가 전달되지 않는다. 대부분의 건물은 방음이 잘 되어 있기 때문에 창문을 닫아도 소리는 전달되지 않는다. 그리고 이 계획에서는 전체적으로 전기의 안정적 공급이 절대적이기 때문에 중간에 전선이 끊어져서도 안 된다. 물론 큰 소리를 내 볼 수도 있겠지만 사람의 목소리는 그렇게 멀리 다다르지는 못한다. 또 다른 문제는 악기 줄이 끊어지는 것이다. 그러면 반주 없이 메시지를 전달할 수밖에 없다. 결국 어떻게든 거리를 줄이는 것이 최고의 선택이다. 그러면 잠재적인 문제들이 많이 줄어들 것이다. 물론 얼굴을 마주할 수 있다면 일이 잘못될 가능성도 더욱 적어질 것이다.

도대체 이게 무슨 상황인지 짐작이 가시나요?

앞선 글에 대한 간단한 그림 힌트를 드리겠습니다.

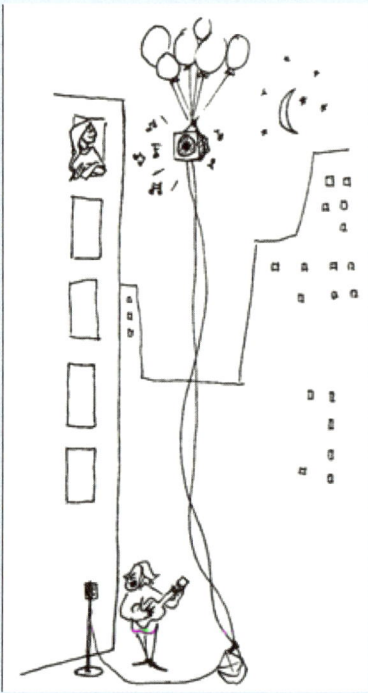

이제 앞의 글을 다시 한번 읽어 보시기를 바랍니다. 글의 내용이 전혀 다르게 느껴질 것입니다.

연구자들에 따르면, 힌트 없이 글의 내용을 이해한 실험 참가자는 거의 없었습니다. 하지만 힌트를 본 후 사람들은 즉각적으로 그리고 쉽게 지문을 이해할 수 있었습니다. 또한 글을 읽기 전에 힌트를 본 사람들은 곧바로 이 난해한 글을 이해할 수 있었다고 합니다.

위의 실험이 시사하는 바는 **학습 내용 전체를 아우르는 관점**의 중요성입니다. 가끔 선생님의 수업을 들으며 '도대체 무슨 소리를 하시는 거지?', '뭔 말인지 하나도 모르겠네'라는 생각이 들 때가 있습니다. 마치 위의 글을 처음 읽을 때처럼 말입니다. 그러나 이때 우리에게 필요했던 것은 어쩌면, 단 한 장의 그림, 혹은 단 하나의 주제어('건물 밑 세레나데')였을 수 있습니다.

수업 전날 10분간의 예습은 효과적으로 수업 내용을 받아들이는 데 필요한 큰 그림을 제공해 줍니다. 만약 이 책을 읽으시며 예습을 시작했다가 한 두 번만 하고 꾸준히 하지 않고 계셨다면, 다시 예습을 시작해 보시기 바랍니다. 마치 호흡 명상에서 딴생각이 들었을 때 아무런 죄책감 없이 다시 호흡으로 돌아오듯 말입니다. 만약 예습을 하시다가 멈추셨거나, 아직 한 적이 없다면 그냥 편안한 마음으로 오늘부터 다시 예습을 시작해 보시기 바랍니다.

더불어 수업 시작 직전에는, '나도 저 선생님처럼 이 수업을 … 에게 가르쳐야 해'라는 마음을 내 보시기 바랍니다. 예습과 누군가를 가르칠 마음, 이 두 가지는 시간은 적게 들지만, 효과는 매우 높은 학습 전략입니다. 부디 그 효과를 매 수업에서 느껴 보시기 바랍니다.

선생님처럼 학습하기 1:
예상 시험 문제 만들기

선생님의 주 업무는 수업 준비, 교실에서의 수업, 시험 만들기, 채점 등입니다. 이들 중 학생의 입장에서 조금 틀린 짐작을 하기 쉬운 것이 있는데 그것은 바로 이러한 업무의 순서입니다. 즉, 선생님께서는 수업을 준비하시고, 실제로 교실에서 수업하시기 훨씬 이전에, 시험 문제와 답부터 미리 만들어 놓으신다는 점입니다. 학생의 입장에서는 늘 수업이 먼저고, 수업보다 한참 후에 시험이 따라오기 때문에 시험 문제도 수업 이후에 만들어진다고 생각하기 쉽습니다. 그러나 선생님들에게는 시험 문제와 답, 그리고 가능한 오답에 대한 피드백 준비가 제일 먼저입니다. 그리고 여러분이 그 시험을 잘 볼 수 있도록, 쉽게 범할 수 있는 오답을 피할 수 있도록 가르칠 준비를 하시는 것이 그다음 일입니다.

이러한 선생님 고유의 업무 순서는, 그분들이 늘 하고 계시는 고민인 '무엇을 어떻게 가르쳐야 하나'를 역지사지의 마음으로 함께 고민해보면 쉽게 이해될 수 있습니다. 편의상 '수능'이라는 맥락에서 이야기를 이어가 보겠습니다. 선생님들께서는 결국 여러분이 수능 기출 문제와 같은 문제들을 잘 풀어낼 수 있기를 바라십니다. 그래서 무언가를 가르치시기 이전에, 도대체 이 주어진 수업 내용에 대한 기출 문제는 무엇이 있었는가부터 살펴보십니다. 국어 지문이 되었든, 미분이 되었든, 영문법이 되었든, 주어진 내용에 대해 도대체 어떠한 기출 문제가 나왔었는가에 따라 수업의 방향과 깊이, 그리고 본인의 시험 문제도 결정하시는 것입니다.

그런데 여기서 한 단계 더 올라가, 그 기출문제를 내는 출제 위원들은 무엇을 생각하며 문제를 만들어왔던 것일까요? 우리가 배우는 교과서의 모든 내용은 학습 목표라는 것을 가지고 있습니다. "(학생이 어떤 개념을) 이해한다," "(학생들이 무언가를 배워 그것을 다른 상황에도) 적용할 수 있다" 등과 같은, 블룸의 교육 목표 분류 속 언어들로 표현될 수 있는 다양한 **학습 목표**가 정해져 있는 것입니다. 그리고 이러한 추상적 학습 목표의 달성 여부를, 매우 구체적인 문제를 통해 측정하기 위해 출제 위원들은 고심하며 문제를 만듭니다. 물론 이분들도, 어떤 주어진 내용에 대한 기출 문제를 살펴 보고 그와 동일하지는 않으면서도, 동일한 학습 목표의 달성 여부를 측정할 수 있는 다른 문제를 만들려 노력합니다.

결국 시험의 출제자는 각 학습 내용에 대해 주어진 학습 목표의 달성 여부를 **시험 문제**를 통해 측정하고자 했던 것이며, 선생님은 여러분이 그 기출 문제들을 잘 풀어낼 수 있도록 가르치시고자 합니다. 그러나 학생들은 이러한 학습 목표, 기출 문제에 대한 고려 없이, 우선 책의 1페이지부터 공부하기 시작합니다. 결국 자신이 이 내용을 배워 무엇을 해낼 수 있어야 하는지는 모른 채, 늘 하던 대로 주어진 내용을 외우고 이해부터 하려 드는 것입니다.

그러나 우리는 무엇을 외우고 이해하려 들기 전에, 자신이 공부하는 그 내용이 **결국 어떠한 모습의 문제로 나왔었는지**부터 파악해야 합니다. 그것이 선생님께서 하시는 수업의 방향과 깊이를 결정하듯, 여러분이 하시는 공부의 방향과 깊이 또한 그에 맞춰져야 합니다. 따라서 수업을 들은 날 밤에는 해당 부분에 대한 문제부터 풀어보시라고, 블룸의 교육 목표 분류를 소개하며 말씀드렸습니다. 이와 더불어 수업을 들은 날 여러분이 반드시 하셔야 하는 일이 있습니다. 그것은 바로 **예상 시험 문제를 만드는 것**입니다. 이를 통해 한번 더, 내가 결국 풀 수 있어야 하는 문제가 무엇인지부터 명확히 인식하는 것이 공부의 시작입니다.

그런데 정말 여러분이 시험의 출제자처럼 시험 문제와 답을(그리고 오답에 대한 피드백을) 직접 만들어 보는 것이 여러분의 학습에 도움이 될까요? 이에 대한 실험 한 가지를 소개해 드리겠습니다.

시험 만들기의 학습 효과에 대한 실험 소개

연구자들은 공과 대학 1학년 수업 중 어렵기로 유명한 유체 역학 수업의 학생들을 대상으로 실험을 했습니다. 이 연구에는 총 여덟 명의 학생이 참여했는데, 이들은 이미 유체 역학 수업을 들었던 학생들로서 현재 2학년인 학생 네 명 그리고 4학년인 학생 네 명이었습니다. 이 여덟 명의 학생은 유체역학 수업을 듣는 1학년 학생들이 실제로 풀어야 할 시험 문제와 답을 만들고, 오답에 대한 피드백까지 직접 만들어야 했습니다.

참고로, 이 여덟 명의 학생들이 1학년이었을 때, 이들이 유체 역학 과목에서 거둔 성적은 다음과 같습니다: 3명은 그 당시의 반 평균에도 미치지 못하는 성적을 거두었고, 3명은 반 평균 정도, 나머지 2명은 반 평균을 웃도는 성적을 거두었습니다. 연구자들은 다양한 학습 수준을 가진 학생들을 실험에 참여시키고자 했던 것입니다.

이 여덟 명의 학생들이 직접 시험 문제와 답, 피드백을 만들어 본 것은 이들의 유체 역학 지식을 정말로 향상시켜 주었을까요? 이를 측정하기 위해 연구자들은 이 학생들로 하여금 유체 역학을 듣는 1학년 학생들이 치러야 하는 모든 시험을 동일하게 치르도록 했습니다. 실험 결과, 이들은 모두 자신이 1학년이었을 때 얻은 성적을 훨씬 웃도는, 평균적으로 12% 향상된 성적을 거두었습니다.

물론 이 여덟 명의 학생들은 이미 유체 역학 수업을 들었던 학생들이었고, 유체역학에 대한 지식을 깊게 해줄 다른 수업까지도 들은 고학년 학생들이었습니다. 그러나 시험 문제 만들기의 효과에 대한 다른 연구들 역시 학생들이 문제와 답, 피드백을 만들어 보는 것이 긍정적 학습 효과를 가져옴을 입증합니다[37]. 가령 한 연구에 따르면[38], 학생들이 블룸의 교육 목표 분류상 상위의 인지 작용을 요하는 문제를 만들 경우 약 7.4% 정도의 성적 향상 효과를 보였고, 이러한 효과가 하위권 학생들에게서는 12.4%로 더 크게 나타났습니다. 그러나 학생들이 깊이 있는 인지 작용은 하지 않은 채 시험 문제를 만들 경우, 그것은 아무런 효과를 가져오지 않았습니다[39]. 즉, 블룸의 교육 목표 분류상 고차원적 인지 작용인 적용, 분석, 평가 등을 해가며 문제를 만들어야 그 학습 내용을 자신의 것으로 만드는 데 도움이 된다는 것입니다.

왜 그런가?

1) 시험, 답, 피드백 만들기의 인지적 효과 1: 무엇이 중요한가를 평가하는 것의 중요성

예상 시험 문제를 만들 때에는 우선 어떤 내용이 시험에 나올 만한 중요 내용인가부터 파악을 해야 합니다. 즉, 수많은 학습 내용 중, 주어진 학습 목표의 달성 여부를 측정하기 위해 물어야 할 가장 중요한 내용이 무엇인가부터 결정해야 하는 것입니다.

그런데 인지심리학자들은 **무엇이 중요한가를 평가하는 과정**이 그 내용에 대한 기억을 높여준다는 사실을 알게 되었습니다.[40] 한 실험에 참여한 두 집단의 참가자들에게 동일한 24개의 단어가 부여되었습니다. 첫 번째 집단의 실험 참가자들은 이 24개의 단어가 주는 **감정이나 느낌을 평가**했습니다. 두 번째 집단의 참가자들은 각 단어가 지칭하는 개념이나 물건이, 조난 상황에서의 생존에 있어 **얼마나 중요한지를 평가**했습니다. 실험 결과, 각 단어가 지칭하는 물건이 생존에 얼마나 중요한지 평가한 참가자들이 더 많은 단어를 기억해낼 수 있었습니다.

즉, **주어진 정보에 대해 내가 가진 배경지식(조난 상황에서는 무엇이 필요한가)을 동원해 중요성을 평가했던 인지 활동**이, 그 정보에 대한 기억을 강화했던 것입니다. 시험 문제를 만드는 과정 역시, 학습 목표를 바탕으로 각각의 학습 내용에 대한 중요성을 평가하고 선별하는 과정입니다. 따라서 시험 문제를 출제하는 경험은 그 내용에 대한 기억을 강화해 줍니다. 이것은 또한 아래에 언급된 것처럼, 블룸의 교육 목표 분류 속 평가와 같은 상위의 인지 작용이 기억과 같은 하위의 인지 작용을 강화하는 현상과도 일치합니다.

2) 시험, 답, 피드백 만들기의 인지적 효과2: 다양한 수준의 인지 작용 유발
시험의 출제자는 블룸의 교육 목표 분류 속 다양한 인지 능력을 측정해야만 합니다. 학습 내용에 대한 기억이나 이해뿐만 아니라, 적용, 분석, 평가와 같은 상위의 인지 작용도 측정해야 하는 것입니다. 그런데 이렇게 다양한 인지 수준의 측정을 시도하고, 학생들이 헷갈릴 수 있는 오답까지도 상상하며 피드백을 준비하다 보면, 출제자는 여러 수준의 인지 작용을 자연스레 먼저 해볼 수밖에 없습니다. 그리고 앞서 이야기했듯, 상위의 인지 작용은 하위의 인지 작용을 강화합니다. 따라서 아직 기억이나 이해조차 완벽하지 않은 상황이라 할지라도, 시험 문제를 출제하고 오답에 대한 피드백을 만들어보는 연습은 자연스레 학생들의 기억, 이해, 적용 능력을 향상해 줍니다.

3) 시험, 답, 피드백 만들기의 인지적 효과3: 생성 효과^{Generation Effect}

인지심리학자들이 발견한 기억에 관한 여러 현상 중 **생성 효과**^{Generation Effect} 라는 것이 있습니다.[41] 이것은 우리가 **기억해야 할 정보를 자기 스스로 만들 경우**, 그 정보에 대한 **기억이 극적으로 높아지는 현상**을 말합니다. 한 실험의 참가자들이 다음과 같은 두 가지 조건 모두를 경험하며 단어 쌍을 학습합니다: 학습자료를 스스로 만들어 학습하는 조건과 연구자에 의해 만들어진 학습자료를 학습하는 조건. 가령, 참가자들은 노랑 – 바나나와 같은 단어 쌍을 학습해야 했는데, 이 단어 쌍 중 일부는 본인 스스로 만든 것이었고 나머지 단어쌍들은 연구자가 만든 것이었습니다. 일정 시간을 학습 후, 연구자는 각 단어 쌍 중 하나의 단어만을 제시했고, 실험 참가자들은 그 단어와 연결된 다른 단어를 말해야 했습니다. 즉, 연구자는 참가자가 만든 단어 쌍 중 하나만을 제시한 후 참가자가 만들었던 나머지 한 단어를 떠올리게 하기도 하고, 연구자가 만든 단어 쌍 중 한 단어만 제시한 후 연구자가 만든 나머지 한 단어를 떠올리게도 했던 것입니다. 실험 결과, 실험 참가자가 스스로 만들었던 단어 쌍을 떠올리는 경우가, 연구자가 만든 단어들을 기억해야 했던 경우에 비해, 28%나 많은 단어를 기억할 수 있었습니다.

이와 유사하지만 보다 극적인 결과를 보인 실험도 있습니다. 만틸라^{Mantyla}라는 연구자는 참가자들에게 504개나 되는 학습 단어들을 학습하게 했습니다. 너무 많은 단어를 기억해야 했기에, 만틸라는 참가자들에게 504개 단어 각각에 관한 힌트 단어 세 개를 만들게 했습니다. 가령, 바나나라는 학습 단어에 대해 참가자들은 노랑 / 원숭이 / 맛있어와 같은 연상 단어 세 개를 힌트로 지정해놓을 수 있었던 것입니다.

실험은 이 힌트로 지정된 연상 단어 세 개만을 보고 그와 관련된 학습 단어를 기억해 내는 것으로 마무리되었는데, 여기서 실험 참가자가 알지 못했던 중요한 사실 한 가지가 있었습니다. 바로 연구자가 힌트 단어 세 개를 보여줄 때, 절반의 경우에는 실험 참가자가 만들었던 힌트 단어들을 보여줬지만, 나머지 절반의 경우에는 연구자가 만든 것으로 바꿔 제시했다는 점이었습니다.

실험 결과는 놀라웠습니다. 실험 참가자가 연구자의 힌트를 본 경우에는 겨우 17%의 학습 단어를 기억한 반면, 자신이 만든 힌트를 본 경우에는 무려 91%의 학습 단어를 기억해 낼 수 있었습니다. 즉, 인간은 자기 스스로 만든 학습 내용에 대한 탁월한 기억 능력을 보이는 것입니다. 가령, 여러분이 직접 만든 예상 시험 문제가 실제로 시험에 나왔을 때, 여러분은 그것을 너무나도 쉽게 인식할 수 있게 되는 것입니다.

이러한 '**내가 만든 건 내가 기억한다**'의 현상은, 시험 문제라는 맥락에만 적용되는 것이 아닙니다. 시중에는 학습 내용을 요약해놓은 수많은 요약집이 있습니다. 혹은 학교나 학원의 선생님들께서도 직접 만드신 학습 자료를 여러분에게 나눠 주시기도 합니다. 그러나 이러한 학습자료를 통해 정작 혜택을 보는 사람은, 바로 그 자료를 만드신 선생님 본인입니다. 이분들이 만들어 놓은 자료를 공부하는 학생들은 스스로 그러한 자료를 만들 기회를 놓쳤다는 측면에서는 손해를 봤다고도 할 수 있습니다. 남이 만든 자료를 반복 학습하는 대신, 예상 시험 문제를 포함하여 스스로의 학습자료를 직접 만드는 것이 보다 더 효과적인 학습 방법입니다.

<'내가 만든 건 내가 기억한다'로 표현될 수 있는 생성효과 Generation Effect>

4) 시험, 답, 피드백 만들기의 메타인지 효과1: 학습 목표와 평가 기준에 대한 명확한 이해

고등학교에 올라가는 한 학생이 점쟁이를 만나 자신이 3년 뒤에 치를 수능에 나올 수학 시험 문제를 받게 되었습니다. 그런데 이 점쟁이가 전해준 문제에는 숫자가 빠져 있었습니다. 비록 문제는 알지만 숫자를 모르니, 이 학생은 실제 수능 현장에서 그 문제들을 직접 풀 수 있도록 남들과 똑같이 수학 실력을 길러둘 수밖에 없었습니다. 그래도 우리는 이 학생의 학습이 다른 학생들보다 월등히 효율적일 것임을 짐작할 수 있습니다. 왜냐하면 이 학생은 자신이 할 줄 알아야 하는 것이 무엇인지 명확히 알고 있었기 때문입니다. 즉, **학습 목표**와 **평가 기준**이 무엇인지 분명하게 알고 학습한 것입니다.

　수학뿐만 아니라 모든 학습 내용에는 **학습 목표**라는 것이 있습니다. 그리고 많은 경우, 이 학습 목표들은 매우 추상적으로 표현되어 있습니다. 그런데 선생님이나 시험의 출제자들은 이러한 추상적인 목표의 달성 여부를 매우 구체적인 문제를 통해 측정하게 됩니다. 즉, **시험은 추상적인 학습 목표가 얼마만큼 달성되었는지를 측정하는 데 사용되는 매우 구체적인 질문**인 것입니다.

학습 효율을 극대화하기 위해서는 바로 이러한 학습 목표와 그것의 달성 여부를 측정하기 위한 시험 문제에 대한 명확한 이해가 있어야 합니다. **시험 문제를 만드는 것은 바로 이 학습 목표를 분명하게 인식하고, 결국 자신이 해낼 수 있어야 하는 것이 무엇인지를 파악하는 지름길입니다.**

예상 시험 문제를 만드는 작업은 반드시 기출 문제부터 확인한 후에 이루어져야 합니다. 그리고 이렇게 기출 문제를 바탕으로 예상 문제를 만들다 보면, 기존의 문제와 유사하지 않은 문제를 만든다는 것이 얼마나 힘든 일인지도 깨닫게 되실 것입니다. 주어진 내용에 대한 학습 목표는 동일한데, 해를 거듭할수록 그 동일한 학습 목표의 달성 여부를 측정하기 위한 문제가 점점 더 쌓여가기 때문입니다. 그리고 이렇게 기존의 문제들을 감안한 상태에서 새로운 시험 문제를 만드는 시도 속에서, 여러분은 자신이 결국 풀어낼 수 있어야 하는 문제가 무엇인지에 대한 명확한 인식을 얻게 됩니다. 마치 점쟁이를 만났던 그 고등학생처럼 말입니다.

5) 시험, 답, 피드백 만들기의 메타인지 효과2: 문제를 만든 출제자의 의도에 대한 이해

실제로 예상 시험 문제를 내보시는 여러분의 모습을 상상하면, 저는 주관식으로 문제를 내실 여러분의 모습이 쉽게 떠오릅니다. '**왜** 그러한지 설명하시오,' '**어떻게** 그러한 일이 일어났는지 설명하시오'와 같은 문제를 만들거나, 문제 속 주어진 정보를 바탕으로 특정 정답을 쓰도록 요구하는 문제를 내실 여러분의 모습이 그려지는 것입니다. 이를 통해 여러분은 '**왜**'와 '**어떻게**'에 초점을 맞춘 문제가 바로 '**주관식**' 문제임을 깨달으실 것입니다. 더불어 누가, 언제, 어디서, 무엇을에 해당하는 특정 내용을 주관식으로 물을 때에는 답을 짐작하게 하는 적당한 수준의 힌트를 주되, 너무 쉽게 그 답을 맞힐 수 없도록 문제를 만든다는 것이 얼마나 어려운 일인지도 아시게 될 것입니다.

반면, 객관식 문제를 만들다 보면, 적절한 보기를 만든다는 것이 얼마나 어려운지를 아시게 될 것입니다. 하나만 답처럼 보이고 나머지 보기가 너무 생뚱맞아서도 안 되고, 오답도 꽤나 정답처럼 보여야 하기 때문입니다. 그리고 변별력 있는 객관식 문제를 만들기 위해서는 여러분 스스로가 블룸의 교육 목표 분류상 여러 수준의 인지 작용을 직접 수행해야만 합니다. 가령, 1번 보기는 단순히 정보만 기억하고 있는 학생이 고를 만한 답을 만들고, 2번 보기는 이해까지만 한 학생이 선택할 답을, 3번 보기는 적용까지 할 수 있는 학생이 선택할 답을, 4번 보기는 분석이나 평가까지 할 수 있는 학생이 선택할 답을 구성해야 하는 것입니다. 이렇게 객관식 문제를 출제해보는 경험은, 나중에 누군가가 만든 보기를 봤을 때에도 그 뒤에 숨어있는 의도를 짐작할 수 있게 해주는 효과를 가져옵니다.

이렇게 주관식과 객관식 문제를 만드는 연습을 하다 보면, 학습 내용 중에는 객관식과 주관식 어느 쪽으로도 나올 수 있는 내용도 있고, 객관식이나 주관식 중 하나의 유형만이 더 적절한 내용도 있음을 알게 되실 것입니다. 가령, 여러 유사한 내용 중 적합한 하나를 골라야 할 때에는 객관식이 더 적절합니다. 반면, 사회에서도 널리 쓰이기 때문에 그 용어 자체를 기억하는 것이 중요한 경우에는 주관식 문제가 더 적절합니다. 이러한 깨달음은 해당 내용에 대해 문제와 답, 피드백을 만드는 작업을 딱 한 번만 해 보아도 얻어지기 시작합니다. 그리고 이렇게 시험 문제를 출제해 보는 경험은, 실제로 받아 볼 시험 문제 속 선생님의 의도를 파악하는 능력도 높여줍니다.

　이쯤에서 여러분은 '내가 뭘 제대로 알아야 시험 문제를 만들든 말든 하지'라는 생각이 드실 수도 있습니다. 그러나 예상 문제 만들기는 예습, 수업, 문제 풀이까지 마치신 상태에서 하시게 될 일입니다. 이 시점에서는 적어도 기출 문제와 유사한 문제는 만드실 수 있습니다. 그리고 문제 출제를 통해 얻어야 할 보다 중요한 깨달음은, **'이걸 배워서 내가 결국 뭘 할 수 있어야 하는가,' '어떤 문제를 풀 수 있어야 하는가'**에 대한 인식입니다. 바로 이 **'결국 내가 풀 수 있어야 하는 문제'**에 대한 파악을 위해 수업을 들은 날 바로 기출 문제부터 풀고, 그것을 바탕으로 예상 문제도 만드는 것입니다. 그러니 오늘 배운 내용에 대해 문제를 풀어 보는 시간 20분, 그리고 직접 예상 문제를 만들어 보는 시간 20분을 수업을 들은 날 바로 가져보시기를 바랍니다.

> 🔑 **시험 문제와 답, 피드백을 만드는 것에 대한 인지-메타인지 효과**
>
> **인지적 효과**
> - 학습 내용의 중요도를 평가해 봄으로써 그 내용에 대한 기억이 향상되는 효과
> - 학습 내용에 대해 다양한 수준의 인지 작용을 하고, 특히 상위의 인지 작용을 해 봄으로써 하위의 인지 작용을 강화시키는 효과
> - 시험 문제를 스스로 만듦으로써 기억이 증진되는 효과
>
> **메타인지 효과**
> - 학습 목표와 평가 기준을 보다 명확하게 인식하는 효과
> - 출제자의 관점을 가져 봄으로써 출제자의 의도를 파악하게 되는 효과

선생님처럼 학습하기 2:
수업 준비하기

시험을 만드는 일과 마찬가지로, **수업 자료를 만들고 설명할 준비를 한다는 것**은 학생에게는 매우 낯선 일입니다. 하지만 이것이 바로 선생님의 주요 업무입니다. 학기 중간의 평범한 날 저녁에 학생과 선생님이 각자의 책상 앞에 앉아 있다면 학생은 복습을 하기 위해서일 것이고, 선생님은 내일 수업을 준비하기 위해서일 것입니다.

그런데 학생이 자신의 주된 학습 시간을 평소 하던 복습이 아닌, 선생님처럼 가르칠 준비를 하고 또 실제로 직접 수업을 하며 보낸다면 어떨까요? 즉, 마치 진짜로 자신이 담당한 수업이 있는 사람처럼 학생이 자신의 평소 시간을 쓰며 지내는 것입니다. 이것은 정말 그 학생을 선생님과 같은 기억 및 인지적 장인으로 만들어 줄 수 있을까요? 수업을 준비한다는 것이 구체적으로 무엇을 의미하는지는 이후 행(行)의 장에서 보다 구체적으로 다루고, 여기에서는 학생이 수업을 준비하며 얻는 효과와 그 원리에 대해 말씀을 드리겠습니다.

수업 준비의 효과에 대한 실험 소개

선생님처럼 수업을 준비할 때 학생이 얻게 되는 학습 효과에 대한 논문만 해도 300여 편이 넘습니다. 그러한 연구들로부터 나온 결과들을 총정리해 보면 아래와 같습니다[42]. 참고로 여기에 소개된 연구들은 수업 준비가 가져오는 학습 효과에 대한 것으로, 실제로 수업 하기가 가져오는 학습 효과는 바로 다음 단락에서 소개해 드리겠습니다.

1) 수업 준비를 하는 것은 100명 중 50등 하던 학생이 43등이 되는 효과(즉, 7등의 석차 향상 효과)를 가져온다.
2) 동영상과 같이 시청각 형태의 수업 자료를 만드는 것이 글자 위주의 자료를 만드는 것에 비해 더 큰 학업 성취 효과를 가져온다.
3) 학습 내용을 한 번 습득한 후 교재를 보지 않은 상태에서 머릿속에 있는 내용만으로 수업 자료를 만드는 경우가, 교재를 참조하며 수업 자료를 만드는 경우에 비해 학업 성취 효과가 더 높다.

왜 그런가?

가르칠 준비의 인지적 효과 1:
학습 내용 전체에 대한 안목 형성 및 각 부분의 특징 파악

앞서 쉬어가는 글에서 소개한 '건물 밑 세레나데' 지문을 통해, 우리는 학습 내용 전체를 아우르는 안목을 가지는 것이 얼마나 중요한지 확인했습니다. 즉, 난해한 지문도 그림 힌트 하나 혹은 주제어 하나로 훨씬 이해하기 쉬운 글이 될 수 있었던 것입니다. 수업을 준비하는 사람은 바로 이러한, 수업 내용 전체를 아우르는 큰 그림부터 얻게 됩니다. 왜냐하면 수업 내용을 준비하는 사람은 누구나 **학습 내용 전체(혹은 시험 범위 전체)를 먼저 훑어보게 되기 때문**입니다. 저 역시 새로운 과목을 가르쳐야 할 때는, 제가 선택한 교과서의 어디부터 어디까지를 가르칠지부터 정합니다. 이것은 자연스레 중간고사 및 기말고사의 범위를 정해줍니다. 이러한 범위의 산정은 또한, 한 달 단위 또는 한 주 단위로 내가 어떤 내용을 얼마만큼 가르쳐야 하는지를 결정해줍니다. 이 과정 속에서 가르치는 사람은 수업의 범위뿐만 아니라 주제들을 자연스레 파악하게 됩니다. 가령, '우선은 주어진 데이터에서 평균과 표준편차를 구하는 것부터 가르치고, 그다음은 소규모 데이터를 바탕으로 전체 집단의 평균을 예측하는 것을 가르친다…' 하는 식으로 수업의 주제와 순서를 파악하게 되는 것입니다.

또, 어떤 내용을 가르칠 준비를 하다 보면 **각 내용마다의 특성이 구별**되기 시작합니다. 예를 들어, 어느 부분에는 외워야 할 단편적 정보가 많고, 어느 부분에서는 내용이 복잡해지고 난이도가 높아져서 이해가 힘들어지는지, 혹은 어떤 부분이 책이나 수업만으로는 부족하고 인강 등의 도움이 필요한지도 깨닫게 됩니다. 이러한 판단을 바탕으로 우리는 유연하게 학습 방식을 결정할 수 있게 됩니다. 가령, 단편적 정보가 많은 부분은 다소 유치하더라도 앞 글자만 따서 외우는 기억술을 시도해 볼 수 있고, 내용이 어려워진다면 그와 관련된 기초부터 확실히 해두려 할 것이며, 추가적인 학습 도움이 필요한 경우에는 인강이나 학원 선생님의 도움을 받으려 들 것입니다.

이렇게 내가 무엇을 공부해야 하는지를 파악하고, 이와 더불어 앞서 말한 것처럼 기출 문제를 풀고 예상 문제를 만들며 그것이 어떻게 평가될 것인지, 즉 평가 기준을 명확히 인식한 후, 그러한 평가에 대비해 무엇을 어떻게 공부해 나갈지를 정하는 것이 **학습 계획**입니다. 반면, '하루에 몇 시간을 공부한다'하는 식의 공부 계획은 '무슨 과목을 몇 페이지씩 읽는다'와 같은 반복 위주의 학습을 할 때 자연스레 생기는 계획입니다. 그리고 이러한 계획은 끝이 없어 보이는 학습량 앞에서 결국 자괴감만 불러일으키게 됩니다. 이렇게 할당량을 채우는 식의 계획이 아닌, **어떠한 문제를 풀어낼 수 있기 위해 무엇을 어떻게 공부할 것인가를 파악하는 학습 계획**을 세워야 합니다. 그리고 이러한 학습 계획의 수립은 자신이 수업을 해야 한다는 마음으로 시험 범위 전체를 살펴볼 때, 자연스레 세워집니다.

**2) 가르칠 준비의 인지적 효과 2:
정보 '전달'이 아닌 '설명' 준비가 갖는 효과**
학생들에게 무언가를 가르쳐 보라는 과제를 주면 대부분의 학생은 책의 내용을 요약하곤 합니다. 즉, 정보를 '전달'하는 것이 곧 '가르치기'라고 생각하는 것입니다. 반면 무언가를 가르치시는 선생님들은 정보의 전달보다는, 학생들이 그 내용을 보다 잘 받아들일 수 있도록 도와주는 **설명 준비**를 하십니다. 특히, 행간의 내용을 채우는 설명 준비를 하십니다. 가령, 한국 전쟁에 대해 '북한이 남한을 먼저 침공했다'라는 정보만 책에 있다고 해보겠습니다. 여기에 '왜' 혹은 '어떻게' 침략했는지의 내용과 같은, 꼬리에 꼬리를 무는 질문들의 답을 선생님들은 준비하십니다. 이렇게 책 속의 내용들을 연결해주는 연결 고리들을 제공해주시기 때문에 선생님의 수업을 들으면 혼자 책을 읽을 때보다 그 내용이 더 잘 이해되는 것입니다. 더불어 선생님께서는 비록 시험에는 나오지 않을 정보라 하더라도, 그것이 학습 내용의 기억, 이해, 적용에 도움이 된다면 얼마든지 그것들을 수업 시간에 활용하십니다. 수업을 준비한다 함은 바로 이렇게 행간을 메꾸는 내용을 준비함을 의미합니다.

이렇게 행간의 내용을 채우는 작업은 인공 지능의 발달로 더욱 쉬워지고 있습니다. 즉, 교재에는 없지만 그 내용을 설명하는 데 도움이 될 정보를 찾는 것이 점점 더 수월해진 것입니다. 이와 더불어 논리적 유추, 기존에 배운 내용이나 일상과의 연결 등, 학생들도 충분히 할 수 있는 인지 작용을 통해 학습 내용을 보다 풍부하게 할 수 있습니다. 그렇게 행간을 채우는 수업 준비를 여러분이 직접 하시다 보면, 아래 그림의 왼편에 있던 책의 모습이 오른편과 같이 바뀌게 됩니다.

이렇게 풍성해진 수업 자료는 시험의 대상이 아닌, 그 내용의 이해를 돕는 **배경지식**을 포함하기 시작합니다. 그리고 바로 그러한 배경지식 덕분에 수업을 준비하는 사람의 기억이 수업을 듣는 사람의 기억보다 더 견고해지는 것입니다.[43] 이 책을 통해 누누이 말씀드린 것처럼, 우리가 **새로운 정보를 배운다는 것은 결국 어떤 새로운 내용이 우리가 가지고 있는 다른 정보와 서로 얽히고설켜 우리의 장기 기억 속에 단단히 자리함**을 의미합니다. 비록 이제 막 수업 준비를 하며 처음 접한 배경지식이라 할지라도, 그 배경지식과 책 속의 정보가 서로 의미 있는 연결을 맺으며 얽히고설켜야 장기 기억 속에서 그 모두가 쉽게 응고될 수 있습니다.

그런데 선생님들께서 이렇게 행간을 채우는 수업 준비를 하실 때에, 학생들은 종종 그 반대 방향의 공부를 합니다. 책의 내용을 간결하게 요약하고 그것만 달달 외우려 드는 것입니다. 하지만 잘 살펴보면, 앙상하게 뼈대만 남은 학습 내용을 반복하는 경우에도, 사실 우리의 뇌는 그 학습 내용과 관련된 다른 정보들을 함께 연결 짓곤 합니다. 심지어 우리의 뇌는 어떤 정보를 잘 기억하기 위해 그 정보와 함께 존재했던 시공간까지도 연결하려 듭니다. 가령, 시험 시간 중 자신이 공부한 어떤 내용이 떠오르지 않을 때, 자신이 그 내용을 언제 봤었는지, 그걸 봤을 때 어디에 있었는지 등을 떠올리며 그 내용을 기억해 내려 한 경험이 있으실 것입니다. 이것은 우리가 무언가를 배울 때, 그 내용과 함께 들어오는 다른 정보들을 자동으로 연결지음을 본능적으로 알고 있기에 선택한 전략입니다. 학습 내용과 함께 들어온 시간과 공간을 '인출 단서' 즉, 내가 떠올리고자 하는 내용을 꺼내 줄 견인차로써 활용하려 든 것입니다. 이처럼, 우리의 뇌는 학습 내용과 다른 정보를 어차피 연결 지으며 받아들입니다. 그러니, 다른 쓸데없는 정보보다는 '내가 직접 수업을 해보겠다'라는 마음으로 행간을 채워주는 배경지식을 적극적으로 찾고 연결하며 학습하는 것이 더 효과적인 학습법입니다. 실제 연구 결과, 비록 비자발적으로 이루어진 수업 준비라 할지라도, 보다 말이 되는 설명을 위해 수업 자료를 준비한 학생들은 그 시간에 책을 반복해서 읽은 학생들보다 훨씬 높은 성적을 거두었습니다[44].

뼈만 남은 앙상한 정보를 공부하는 뇌

배경 정보가 풍부한 상태에서 공부하는 뇌

<학습 내용과 함께 들어오는 다른 정보를 같이 연결짓는 뇌의 특성을 십분 활용하려면, 학습 내용과 관련된 배경 정보를 함께 많이 받아들이는 것이 좋다.>

3) 가르칠 준비의 인지적 효과 3: 구체화, 예시, 비유의 효과

선생님들께서 학습 내용을 구체적이고 이해하기 쉬운 방식으로 소개하기 위해 사용하시는 대표적 방법이 있습니다. 그것은 바로, **일상 생활의 용어**를 사용하고, 그 학습 내용을 **실생활에 적용하여 예시나 비유를 드는 것**입니다. 연구 결과, 이렇게 일상의 언어를 이용해 설명하거나 예시와 비유를 준비하는 것은, 결국 그렇게 말하는 사람의 기억과 이해를 깊게 해줍니다. 가령 한 연구에서, 실험 참가자들은 추상적인 기호로 표현된 문제를 풀어야 하는 조건과 그 문제와 본질은 같으나 일상의 용어와 상황을 빌어 표현된 문제를 푸는 두 조건에 놓였습니다. 짐작하시는 것처럼, 사람들은 추상적인 용어와 맥락으로 표현된 문제보다, 자신에게 친숙한 용어와 맥락으로 표현된 문제를 더 잘 이해하고 풀 수 있었습니다. 가르치는 사람이 자기 스스로에게 친숙한 용어와 상황을 빌어 무언가를 설명하려 들 때에도, 그 과정에서 누구보다 그 내용을 더 잘 이해하게 되는 것은 결국 자기 자신입니다.

연구자들은 또한 학습 내용을 자기 스스로에게 적용하는 과정이 각별한 기억 증진 효과를 가져옴을 발견하고, 이를 자기 참조 효과^{Self-Reference Effect}라 부르고 있습니다[45]. 선생님께서 수업 내용과 관련된 자신의 일상 사례를 언급하실 때, 그 사례가 학생의 기억에도 오래 남는다는 것은 우리 모두 경험으로 알고 있습니다. 그러나 이렇게 수업 내용을 자기 자신의 사례에 적용하신 선생님이야말로 그 내용을 평생 잊지 못하시게 됩니다. 학생인 여러분도 직접 수업을 준비해 보며, **학습 내용을 자신에게 익숙한 용어와 표현으로 설명할 준비를 하고, 또 자신의 사례에 적용**하는 경우, 단순 반복 위주의 비연결 학습법에 비해 월등히 높은 학습 효과를 누리게 됩니다.

수업을 준비하며 남게 되는 것: 강의 노트

결국 수업을 준비가 구체적으로 남기는 것은, '내가 이 대목에서는 이런 말을 하고, 저 대목에서는 저런 말을 해야 한다'와 같은 메모입니다. 앞서 언급한 것처럼, 대부분의 학생이 수업을 해보라고 하면 수업 내용을 요약 정리하지만, 사실 그것은 책에 이미 있는 내용을 반복하는 것뿐입니다. 책에는 없지만 내가 꼭 할 말, 혹은 책에 있는 표현과는 다른 나만의 표현, 이런 것들이 수업을 준비하며 남게 되는 선생님만의 흔적입니다. 이러한 흔적들을 정리한 한글 / 워드 파일, 혹은 자신만의 노트나 책에 적은 메모를 **강의 노트**라 부를 수 있습니다.

강의 노트는 특히 이미 시험을 만들어 둔 선생님께서 자신의 학생들이 그 시험을 잘 볼 수 있도록 잊지 않고 전달해야 할 학습 내용을 담고 있습니다. 앞서 시험 문제 및 답, 오답에 대한 피드백 만들기의 중요성을 살펴보며 언급했듯, 우리는 매 수업을 들은 날, 예상 시험 문제를 만드는 활동을 할 것입니다. 그리고 바로 이 문제들에 여러분의 학생들이 답할 수 있게끔 수업을 준비하며 만드는 것이 강의 노트입니다.

강의 노트를 만들기 위한 보다 구체적 지침은 행(行)의 장에서 제시해 드리겠습니다.

🔑 수업을 준비하는 경험이 가져오는 인지-메타인지 효과

인지적 효과: 수업을 준비하는 과정은 학습 정보에 대한 전체적 관점을 형성하는 것을 도와준다. 더불어 '왜' 혹은 '어떻게'에 대한 설명을 도와줄 수업 자료들을 설명을 준비하는 과정은 학습 내용이 장기 기억에 보다 안정적으로 자리 잡을 수 있도록 도와준다. 또한 일상의 언어를 통해 일상의 언어를 통해 내용을 구체적으로 설명하고, 예시와 비유를 드는 작업은 해당 정보에 대한 기억과 이해를 높여주는 탁월한 효과가 있다.

메타인지 효과: 어느 부분에서 암기할 내용이 많아 기억술을 시도해 볼 법한지, 어느 부분에서는 다시 기초를 다지는 것이 필요한지, 혹은 어느 부분에서 수업 외의 도움이 필요할지 등과 같이, 수업을 준비하며 학습 내용의 특성을 파악하는 것은 자연스레 적절한 학습 방법을 선택하도록 도와준다.

선생님처럼 학습하기 3:
말로 설명하며 가르치기

지금까지 우리는 (1) 가르치려는 마음으로 배우기, (2) 시험 문제와 답, 오답에 대한 피드백 만들기, 그리고 (3) 수업 준비하기의 학습 효과에 대해 살펴봤습니다. 지금부터는 수업을 준비하는 것을 넘어 **실제로 입 밖으로 소리 내어 가르쳐 보기**까지 하는 것의 학습 효과에 대해 살펴보겠습니다. 그런데 혹시 바로 이전에 살펴본, 가르칠 준비를 하는 것만으로도 학습 효과가 충분하지는 않았을까요?

실제로 가르쳐보는 경험의 학습 효과에 대한 실험 소개

두 집단의 학생들이 동일한 내용에 대해 동일한 시간 동안 수업을 준비합니다. 다만 한 집단의 학생들은 실제로 가르치는 경험까지 해보았고, 다른 집단의 학생들은 수업을 준비만 했을 뿐 실제로 가르치지는 않았습니다. 이 두 집단의 학생이 그 학습 내용에 대해 동일한 시험을 치른다면 어느 쪽의 성적이 높을까요?

짐작하시는 것처럼, 실제로 가르치는 경험까지 해 본 학생들의 성적이 그렇지 않은 학생들보다 더 높았는데, 무언가를 가르침으로써 얻는 학습 효과는 수업을 준비하며 얻는 학습 효과의 두 배에 달합니다[46]. 게다가 그러한 효과는, 10분이면 읽을 수 있는 짧은 내용이든[47] 아니면 장시간 가르쳐야 하는 복잡한 의학 정보이든 관계없이[48] 나타납니다. 게다가 이렇게 실제로 가르쳐보기까지 했을 때 얻게 되는 뛰어난 학습 효과는 6개월 이상 지속된다고 합니다.

비록 학문적 실험은 아니지만, '성적을 부탁해 티처스'라는 TV 프로그램에서도, 학생들의 성적을 높이기 위해 유명 강사들이 반복적으로 처방하는 학습 전략 역시 **가르치기 혹은 설명해 보기**였습니다.

왜 그런가?

1) 설명하기의 인지적 효과 1: 적절한 각성 그리고 집중

앞서 '책의 가치 판단을 위해 앞부분만 읽으실 분을 위한 글'에서 소개한 것처럼, 단기 기억에서 장기 기억으로 옮겨진 정보가 즉각 응고되어 이후에도 쉽게 꺼낼 수 있는 상태가 되는 한 가지 경우는 바로 학습에 **'강렬한 정서가 수반된 경우'** 입니다. 늘 내가 앉던 자리에서 혼자 앉아 공부하는 것에 비해, 누군가의 앞에 서서 그 사람을 가르치는 경험은 훨씬 강한 감정을 유발합니다. 수업을 준비할 때부터 실제로 가르칠 때까지, 가르치는 사람은 약간의 중압감과 긴장, 그리고 설렘과 같은 다양한 감정을 느끼게 됩니다. 이러한 감정 상태에서 접한 학습 내용은 우리의 뇌에 보다 잘 남아있습니다.

게다가 수업을 진행하는 사람은 비교적 높은 각성 수준과 집중도를 매우 자연스럽게 유지하게 됩니다. 무언가를 설명하시던 선생님께서 갑자기 설명 중간에 멍하니 서서 다음 말씀을 이어가시지 않는 모습, 보신 적이 있나요? 드라마나 뉴스 이야기를 전하던 사람이 중간에 갑자기 멍해지는 일도 잘 없습니다. 설명을 하는 사람은 자신이 전하려던 메시지를 마칠 정도의 정신 에너지를 자연스레 끌어 올려 사용하고, 이야기를 다 마친 후에나 다소 긴장을 늦추게 됩니다. 이러한 높은 각성 상태와 위에서 언급한 강한 감정은 수업하는 본인 스스로의 정보 습득 및 응고를 보다 효과적으로 만들어줍니다.

2) 설명하기의 인지적 효과 2: 인출 훈련과 기억 흔적 형성

<정보가 뇌 밖으로 나오며 형성되는 기억 흔적들>

한 연구 결과, 학생들이 학습 자료를 보지 않고 가르쳐야 했을 때가, 자료를 보며 가르쳤을 때에 비해 더 높은 학습 효과를 보였습니다[49]. 학습 자료를 보며 수업을 할 때에는 주어진 내용을 잠시 단기 기억에 저장했

다가 바로 입 밖으로 꺼내며 가르칠 수 있습니다. 반면, 자료를 참고할 수 없을 때에는 자신의 장기 기억 속의 아직 불안정하게 자리 잡은 내용들을 힘겹게 꺼내며, 즉 인출하며 가르쳐야만 합니다. 그리고 인출 훈련이 강력한 기억 향상 효과를 가져옴은 이미 강조한 바 있습니다.

아직 응고되지 않은 정보에 대한 힘겨운 인출 훈련이 기억을 강화하는 이유 중 하나는 바로 **기억 흔적**Memory Trace의 형성입니다. 어떤 정보를 머릿속에서 끄집어낼 때, 그 정보는 머리 밖으로 나오기 위한 자신만의 길을 만드는데, 이것은 마치 인적이 드문 숲에 사람들이 한두 번 오가면서 차츰 길이 형성되는 것과 같습니다. 아직 불안정하게 자리 잡은 정보라도 맨 처음 한 번 머리 밖으로 빠져나오고, 같은 길을 이용해 또 한 번 머리 밖으로 빠져나오면, 우리 뇌에 자신만의 통로를 만들기 시작하고, 이를 통해 이후에는 더 쉽게 인출을 할 수 있는 것입니다. 그렇기 때문에, 동일한 시간 동안 수업을 준비했더라도, 그것을 **입 밖으로 꺼내어 본 사람에게만** 바로 이러한 기억 흔적이 형성되고 기억이 강화되는 것입니다.

3) 설명하기의 인지적 효과 3: 발화 효과

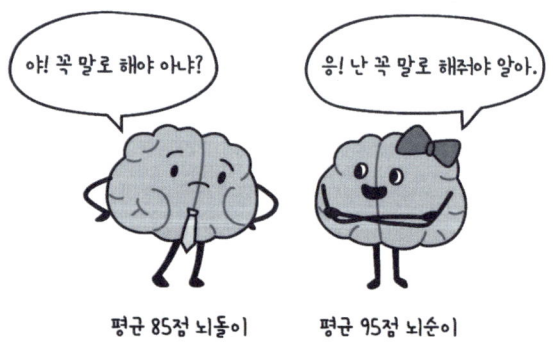

<소리 내어 말할 때 기억과 이해가 높아지는 효과: 발화효과>

한 실험에서 두 집단의 학생들이 동일한 내용에 대해 수업을 준비하고 실제로 수업까지도 해보았습니다. 그런데 첫번째 집단의 학생들은 자신이 준비한 내용을 직접 소리 내어 가르쳤고, 두번째 집단의 학생들은 자신이 준비한 내용을 글로 적어서 가르쳤습니다. 이 두 집단의 학생들이 자신들이 가르친 학습 내용에 대해 직접 시험을 치렀을 때, 과연 어느 쪽의 성적이 더 높았을까요? 결과는, 입으로 소리를 내며 가르친 집단이 글로 가르친 집단보다 더 높은 성적을 거두었다는 것입니다.

여기서 주목해야 할 점은 두 집단 모두 말로든, 글로든 자신이 준비한 정보를 머리 밖으로 꺼냈다는 것입니다. 즉, 정보의 인출 훈련 여부, 그리고 기억 흔적의 형성 여부만으로는 두 집단의 성적 차이가 설명이 되지 않는 것입니다. 따라서 이 두 집단의 성적 차이는 바로, **입 밖으로 소리를 내는 행위**가 가져온 차이라고 볼 수 있습니다.

이처럼 입 밖으로 소리를 내어 말하는 것 자체가 가져오는 학습 효과는 가르칠 때만 나타나는 것이 아니라, 정보를 습득할 때에도 나타납니다. 가령 어떤 정보를 읽을 때도 속으로 읽는 경우와 소리를 내며 읽는 경우의 학습 효과를 비교해 보면, 소리를 내며 읽는 경우 즉, **발화**하는 경우가 속으로 읽는 경우에 비해 더 높은 학습 효과를 보인다고 합니다.[50] 저 역시 이 책을 쓰며, 책 전체를 여러 번 소리 내어 읽고 고쳤습니다. 특히, 제가 유튜브를 녹화할 때처럼 누군가에게 말한다는 마음으로 이 책을 읽고 고친 것입니다. 그러면서 발화가 가져오는 집중의 효과뿐만 아니라, 기억 증진의 효과까지 얻을 수 있었습니다. 여러분도 조용히 공부하는 방식만을 사용해 왔다면, 누군가에게 학습 내용을 소리내어 가르쳐보시기를 바랍니다. 그것이 가져오는 자연스러운 집중의 효과 그리고 발화를 통한 기억 증진의 효과를 경험하실 수 있을 것입니다.

4) 설명하기의 인지적 효과4: 표나 그림 사용의 효과

누군가를 가르치다 보면 자연스레 표나 그림을 이용하게 됩니다. 듣는 사람을 위해서이기도 하지만, 사실 머릿속에 있는 추상적인 정보를 말만으로는 잘 설명할 수 없으므로 자연스레 사용하게 되는 설명 방법이기도 합니다.

연구자들은 이렇게 표나 그림을 이용하여 설명할 때, 가르치는 사람의 기억과 이해가 높아짐을 발견합니다. 특히 표나 그림을 그려가며 설명하는 과정에서 자신이 가지고 있던 정보가 보다 잘 정리되는 효과를 얻게 된다고 합니다[51]. 자신의 머릿속에 있는 내용을 인출할 뿐만 아니라 표나 그림과 같이 압축적 형태로 바꾸고, 그와 동시에 설명을 덧붙이는 인지적 활동은 자신을 온전히 그 학습 내용에 몰입하게 만드는 매우 효율성 높은 학습 과정입니다[52]. 그리고 이렇게 즉석에서 자신의 머릿속에 있는 내용을 표나 그림으로 간결하게 정리하고 동시에 설명하는 경험은 실제로 누군가를 가르치는 상황에서 더욱 빈번하게 일어납니다.

5) 설명하기의 메타인지 효과: 자신이 모르는 줄을 몰랐던 것의 발견

수업을 준비한 후 실제로 누군가를 앞에 두고 말로 설명을 하다 보면, '어?! 막상 말로 하려니까 잘 안되네…'하는 느낌을 받을 때가 많습니다. 어느 정도 준비가 되었다고 생각한 자신의 지식을 실제로 꺼내어 볼 때, 미처 인식하지 못했던 자기 지식의 빈틈을 맞닥뜨리게 되는 것입니다. 이러한 빈틈은 사실 말을 하기 전부터 계속 머릿속에 있었던 것입니다. 다만 머릿속 생각만으로는 그것을 발견하지 못한 것입니다. 공부하며 '아, 좀 알 것 같다' 하는 느낌이 드는 경우조차, 자신이 그것을 정말로 아는지 모르는지는 쉽게 검증할 수 없습니다. 따라서 반드시 문제 풀이나 설명을 통해 자기 지식의 완성도를 점검해 봐야만 합니다.

저 역시 무언가를 충분히 알고 있다고 생각해서 입 밖으로 꺼내어 보지 않고 수업에 들어갔다가 제대로 설명하지 못한 경우가 많았습니다. 물론 이렇게 자신이 무언가를 충분히 설명해내지 못한다는 것을 여러 학생 앞에서 알게 되고도 다음 수업에 그대로 또 들어가는 선생님은 없습니다. 자기 지식의 빈틈을 메꾸고 들어가게 되는 것입니다. 그렇게 선생님의 지식 속 빈틈은 점점 사라지게 됩니다. 여러분도 가르치는 과정 속에서 발견하게 되는 지식의 빈틈은 누가 시키지 않아도 스스로 메우게 됩니다. 그러니 현재 자신의 지식 안에 있는 빈틈을 발견하는 것이 우선입니다. 가르치는 경험은 그러한 발견을 위한 유일한 지름길입니다.

> 🗝 **가르치는 경험이 가져오는 인지적-메타인지적 효과**
>
> **인지적 효과**: 가르치는 사람은 강한 정서, 적절한 각성 및 주의 집중 상태를 유지하게 되고, 이는 가르치는 사람의 학습 효과를 높여준다. 가르치기 위해 정보를 머릿속에서 꺼내는 인출 훈련은 그 정보가 머리 밖으로 다시 나오는 데 필요한 기억 흔적을 남긴다. 또한, 입 밖으로 소리를 내며 하는 인출 훈련은 글을 쓰며 하는 인출에 비해 보다 높은 학습 효과(발화 효과)를 가져온다. 가르치는 상황에서 자주 사용하게 되는 표나 그림은 가르치는 사람의 지식을 정돈시켜 준다.

메타인지 효과: 실제로 입 밖으로 소리를 내며 말로 설명할 때 자기 지식 속 빈틈을 가장 효과적으로 발견할 수 있다.

선생님처럼 학습하기 4:
학생과 상호작용하기

자연스러운 집중 상태에서 말로 소리를 내며, 그림과 표를 이용해 설명을 한다는 것 외에도 가르치는 사람이 갖게 되는 중요한 경험은 바로 학생과 나누는 상호작용입니다. 학생과의 **상호작용**이란 수업을 듣는 학생들로부터 직간접적으로 수업에 대한 피드백을 받고("선생님 너무 어려워요…" 혹은 멍한 얼굴이나 딴짓), 그들의 필요에 응해주는 것을 의미합니다.

학생과의 상호작용이 가지는 학습 효과에 대한 실험 소개

한 연구에서 학생들은 선생님 역할을 하는 집단과 학생 역할을 하는 집단으로 나뉘었습니다. 연구자들은 이 두 집단이 수업 중 나누는 대화의 내용을 분석해 봤습니다. 그 결과, 학생들이 선생님에게 하는 질문에 크게 두 가지 유형이 있었습니다.

학생들이 흔히 하는 첫 번째 질문의 유형은 바로, 선생님께서 **방금**

전달한 정보를 재확인하는 질문들이었습니다. "방금 뭐라고 하셨죠?"와 같은 질문, 혹은 누가, 언제, 어디서, 무엇을에 관한 질문들이었습니다. 이러한 질문 앞에서 가르치는 사람은 자신의 머릿속에 있는 지식을 다시 한번 머리 밖으로 꺼내는 인출 훈련을 하게 됩니다. 그리고 이것은 자연스레 가르치는 사람의 기억을 강화합니다. 물론 인출은 혼자서 문제를 풀면서도 얻을 수 있는 경험입니다. 그러나, 학생과의 상호작용 중에는 절대 혼자서는 할 수 없는 경험을 유발하는 것도 있습니다.

1) 학생과의 상호작용이 가져오는 인지적 효과: 상위의 인지 작용 유발

연구자들이 발견한 학생들의 질문 두 번째 유형은 가르치는 사람으로 하여금 '그건 나도 생각해 본 적이 없는데…' 라는 반응이 나오게 만드는 질문들이었습니다. 가령 학습 내용을 대한 다른 맥락에 적용해 봐야만 하는 질문이나, 주어진 내용을 바탕으로 논리적 분석이나 평가를 해야만 하는 질문들이 그러한 유형들이었습니다("아까 말씀하신 거랑 지금 말씀하신 거랑 어떻게 다른 거예요?" 등등). 이것은 블룸의 교육 목표 분류상 상위의 인지 작용을 요하는 질문들로서, 가르치는 사람으로 하여금 자신의 지식에 대한 단순 인출을 넘어 보다 복합적이고 정교한 사고를 요구합니다. 그리고 이러한 상위의 인지 작용이, 기억이나 이해와 같은 상대적으로 하위의 인지 작용을 강화시킨다는 것을 우리는 이미 살펴봤습니다. 즉, **가르치는 사람을 '생각하게끔 만드는' 학생들의 질문 때 문에 가르치는 사람의 상하위 인지 작용 모두가 더욱 강해지는 것입니다.**

또한, 예상치 못한 학생들의 질문으로 시작된 상위의 인지 작용 끝에, 가르치는 사람은 종종 새로운 방식의 설명을 시도하게 됩니다. 가령, 수업을 준비하면서는 미처 생각하지 못했던 새로운 예시나 비유, 표나 그림을 통한 설명을 즉석에서 창조하게 되는 것입니다. 그리고 이렇게 예시[53]나 비유[54]를 통해 가르치는 경험이 얼마나 훌륭한 학습 방식인지도 우리는 이미 살펴보았습니다.

2) 학생과의 상호작용이 가져오는 메타인지 효과: 상대의 배경지식에 대한 고려
학생들이 자신의 설명을 잘 이해하지 못하는 듯 보일 학생들이 자신의 설명을 잘 이해하지 못하는 듯 보일 때, 선생님들께서 흔히 하시는 일이 있습니다. 그것은 바로 학생들이 그 **설명을 이해하는데 필요한 배경지식을 가졌는지를 점검**하는 것입니다. 즉, 나에게는 충분히 말이 되는 설명이 상대에게는 어렵게 받아들여질 때, 혹은 똑같은 설명을 했음에도 이해하는 학생이 있고 그렇지 못한 학생이 있을 때, 가르치는 사람은 **상대가 가진 배경지식의 수준을 점검**하게 되는 것입니다.

상대의 배경지식 수준을 가늠해야 하는 상황에서 가르치는 사람은 흔히 다음과 같은 순서를 따릅니다. 우선 자신의 설명을 작은 조각으로 나누어 차례차례 다시 설명합니다. 그러다가 학생들이 이해하지 못하는 부분을 찾고 그것을 이해하는 데 필요한, 하지만 학생에게는 미처 없던 관련 지식을 찾아내기 시작합니다. 이 과정에서 가르치는 사람은 현재의 학습 내용과 관련이 있지만 학생에게는 없는 다양한 정보를 떠올리게 되는데, 이러한 인지적 활동은 그 학습 내용과 그것을 이해하는 데 필요한 배경지식의 연결을 강화해 줍니다. 아시다시피, 이러한 연결이 바로 효과적 학습의 핵심입니다.

아직 나도 잘 모르는데 정말 가르쳐 봐야 할까?

만약 위와 같은 의구심이 떠오르신다면, 정말로 **잘 가르치기 위해 가르치는 것**이 아니라, **잘 배우기 위해 가르치는 것**임을 명심하시기 바랍니다.

습득 단계에 있는 내용을 누군가에게 가르치다 보면 설명이 물 흐르듯 이어지지 않거나, 자신에게는 충분하다고 생각되는 설명이 상대방에게는 충분치 않은 상황을 만나게 됩니다. 이때 여러분은 자신의 지식이나 설명에 존재하는 빈틈, 혹은 자신의 설명을 이해하는 데 상대에게 필요한 배경지식을 점검하게 됩니다. 바로 이러한 점검 과정에서 여러분이 바라던 효과적 학습이 일어나는 것입니다.

🔑 학생과의 상호작용이 가져오는 인지적-메타인지적 효과

인지적 효과: 학생의 질문은 가르치는 사람에게 인출 훈련을 유발할 뿐만 아니라, 적용, 분석, 평가, 창조와 같은 상위의 인지 작용을 즉흥적으로 유발하곤 한다. 이러한 상위의 인지작용 그 자체, 그리고 그 끝에 시도하는 새로운 예시나 비유, 혹은 표나 그림을 통한 설명 경험은 혼자 학습할 때에는 얻을 수 없는 높은 학습 효과를 가져다준다.

메타인지 효과: 가르치는 사람은 학생이 표하는 어려움이나 질문을 통해 자신의 지식이나 설명, 혹은 학생의 배경지식에 존재하는 발견하게 되는 메타인지 효과를 얻는다. 자신에게는 있지만 학생에게는 없는 관련 지식을 점검하는 과정에서 얻게 되는, 학습 내용과 관련 정보 사이의 연결은 탁월한 학습 효과를 가져온다.

선생님처럼 학습하기 5:

채점과 피드백 제공하기

지금 우리는 선생님들이 하시는 여러 업무와 그것이 가져다주는 학습 효과에 관해 이야기하고 있습니다: (1) 가르치려는 마음으로 배우기, (2) 시험 문제와 답, 오답에 대한 피드백 만들기, (3) 수업 준비하기, (4) 실제 말로 수업해 보기, (5) 학생과 상호 작용하기. 선생님을 해당 과목의 장인으로 만들어주는 마지막 인지 작용으로서, 이번에는 **채점과 피드백 제공**에 대해 이야기를 해 보겠습니다.

채점이란 어떤 문제에 대한 정답을 머릿속에 넣고 있다가 학생의 답을 내가 가진 정답과 비교하는 작업을 무수히 반복하는 것입니다. 즉, 채점은 '선생님의 정답 – 학생의 정답' 혹은 '선생님의 정답 – 학생의 오답' 사이의 비교 판단을 수없이 반복하고, 오답에 대한 피드백을 제공하는 과정입니다. 이러한 작업은 채점자에게 문제와 답뿐만 아니라, 학생들이 흔히 범하는 오답까지 깊이 각인시킬 수밖에 없습니다.

많은 학생을 채점할 일이 없는 여러분에게는 이것이 자기와 관련 없는 내용처럼 느껴질 수 있습니다. 그러나 평가라는 것이 꼭 타인의 시험이나 과제에 대한 것일 필요는 없습니다. 그리고 채점을 무수히 반복해야만 채점을 통한 학습의 효과가 생기는 것도 아닙니다. 곧 소개해 드릴 실험에서처럼, **자기 문제 풀이에 대한 스스로의 평가**, 그것도 단 한 번의 평가만으로도 충분한 학습 효과가 있습니다.

사실 여러분도 채점이 가져다주는 놀라운 학습 효과를 이미 경험해 본 적이 많습니다. 가령, 시험 전에는 그렇게도 안 외워지던 내용이, 시험 후 채점을 하고 나서는 집으로 돌아가는 길에서도 친구와 이야기를 나눌 수 있을 정도로 잘 기억나는 것입니다. 이렇게 채점이 가져오는 탁월한 학습 효과는 실험으로도 증명된 바 있습니다.

채점과 피드백 제공의 학습 효과에 대한 실험 소개

다른 학생들의 시험을 평가한 학생들과, 자신의 시험을 평가한 학생들 사이의 학습 효과 차이에 관한 연구가 있습니다[55]. 이 실험에는 미국의 7학년, 나이로는 12살 정도인 학생들이 참여했습니다. 총 386명으로 이루어진 참가자들은 생물 수업 중 유기체의 분류에 관한 내용을 배우고 시험을 치렀습니다. 시험이 끝난 후, 모든 학생은 선생님과 토론하며 이 시험에 대한 평가 기준을 정했습니다. 즉, 어떤 답을 정답으로 하고, 어떤 답을 오답으로 할지에 대해 선생님과 토론을 한 것입니다. 그리고 이 평가 기준을 바탕으로 학생들은 자신의 시험지를 스스로 평가했거나 타인의 시험지를 평가했습니다.

채점을 하고 1주일이 지난 후, 연구자들은 이 학생들을 다시 찾아갔습니다. 그리고 그들이 1주일 전에 보았던 것과 동일한 시험을 예고 없이 다시 보도록 했습니다. 이 깜짝 시험의 결과, 타인을 평가했던 학생들의 경우에는 1주일 전이나 후의 시험 성적이 같았지만, 자기 시험지를 평가했던 학생들의 성적은 놀랄 만큼 향상되어 있었습니다.

최근에는 평가 경험 자체가 중요할 뿐, 그것이 남을 평가했는지 아니면 자기 자신을 평가했는지는 크게 중요하지 않다는 연구 결과도 있습니다[56]. 그리고 이러한 연구 결과들을 바탕으로 동료 평가$^{Peer\ Grading}$라는 학습 방법도 제안되었습니다. 즉, 자신이 아닌 타인의 시험을 채점하며 채점자가 흔히 경험하는 높은 학습 효과를 경험해 보라는 것인데, 사실 이것은 선생님들 스스로가 채점으로부터 얻은 학습 효과를 인식하며 시작된 것이기도 합니다.

왜 그런가?

채점과 피드백 제공의 인지적 효과: 강한 정서가 유발하는 응고 효과
평소 치르는 시험을 채점하면서 우리는 이미 채점이 꽤 강한 정서를 수반함을 알고 있습니다. 정답을 맞혔을 때의 기쁨, 틀린데서 오는 좌절, 맞힌 줄 알았는데 틀렸을 때의 놀람 등을 경험하는 것입니다. 학교에서 채점한 내용을 집에 걸어가면서까지 이야기할 수 있었던 이유 중 하나도 바로 이 채점이 유발하는 강한 정서 때문입니다. 또한 위에 소개된 실험에서, 남의 시험이 아니라 자신의 시험을 채점한 학생들만 성적이 올라간 것도 바로 자기 시험을 채점할 때에만 느낄 수 있는 강한 정서 때문일 수 있습니다.

특히 자신이 '채점에 진심'인 편이라면, 맞고 틀리는지에 관계없이 그 내용을 더 잘 기억할 수 있을 것입니다. 남들보다 더 강한 정서를 느낄 것이기 때문입니다. 다만 이때 맞고 틀림에 따라 일희일비하는 대신, 문제의 **'풀이 과정이 맞았나'에 주목해야 함**을 잊지 않으시길 바랍니다.

또한 연구자들은 평가 경험을 가진 학생들이 그렇지 않은 학생들에 비해 시험에 대해 보다 긍정적인 관점을 갖게 됨을 발견했습니다.

종종 학생들은 시험에서 낮은 점수를 받는 경험을 일종의 '처벌'이라고 인식합니다. 그러나 **평가 경험이 많아질수록 학생들은, 시험을 자신의 학습에 대한 피드백으로 인식**하게 된다고 합니다. 즉, 앞으로 어디에 더 많은 시간과 에너지를 쏟아야 할지, 또 어떤 방법을 통해 공부해야 할지를 알려 주는 도구로서 시험을 인식하게 된다는 것입니다[57].

더불어 연구자들은 평가자 역할을 해본 학생들이 자신의 학습에 있어 보다 주체적인 모습을 보인다고 합니다. 즉, 선생님이나 학원에 전적으로 의존하는 마음을 버리고, 채점 과정에서 얻은 피드백을 바탕으로 자신에게 부족한 부분을 능동적으로 채워 나가는 공부를 하게 된다는 것입니다[58].

채점과 피드백 제공의 메타인지 효과: 평가 기준에 대한 명확한 이해

나를 평가하든 남을 평가하든, 채점은 채점자로 하여금 평가 기준에 대한 명확한 이해를 요구합니다. 학습 목표의 달성 여부를 측정하기 위해 어떤 질문이 제시되는지, 그리고 그에 대한 여러 답 중 왜 어떤 답은 80점짜리 답이고 어떤 답이 100점짜리인지를 분명히 이해해야만 하는 것입니다.

수업을 들은 날 곧바로 해야 할 일이 바로 기출 문제를 풀고 예상 문제를 만들며 '평가 기준을 명확히 인식하는 것'이라고 말씀드렸습니다. 채점에 대한 이야기로 해(解)의 장을 마무리하는 지금, 또다시 **평가 기준을 명확히 이해하게 된다**를 언급하는 것은 우연이 아닙니다. 자신이 배운 내용이 어떠한 문제를 통해 평가될 것인지를 아는 것, 그리고 그에 대한 100점짜리 답이 무엇인지를 아는 것은, 효과적인 공부의 시작점이자 끝인 것입니다.

🔑 **채점과 피드백 제공이 가져오는 인지적–메타인지적 효과**

인지적 효과: 문제에 대한 정답을 머릿속에 넣고 있다가 그것을 실제 답과 비교하는 채점은 채점자의 기억에 문제와 답을 깊이 각인시킨다. 이러한 효과는 남을 채점할 때뿐만 아니라 본인 스스로의 답을 평가할 때에도 나타나는데, 채점 시에 경험하는 강한 정서가 이러한 학습 효과에 기여한다.

메타인지 효과: 채점을 통해 우리는 평가 기준을 다시 한 번 명확히 인식하게 된다.

해(解)의 장을 마치며

해(解)의 장은 무척 많은 내용을 다루고 있습니다. 그 내용을 정리해 보면 다음과 같습니다.

첫 번째 해(解)에서는 감각-단기-장기 기억에 대한 이야기를 했습니다.

- 감각 기억: 주의가 가진 자동 필터링 기능의 중요성, 집중력을 회복하기 위한 호흡 명상법, 문단을 요약하고 누적해 가며 글을 읽는 메타인지 독서법
- 단기 기억(작업 기억): 단순 반복과 같은 비연결 학습법보다 새로운 지식과 배경지식을 연결 짓는 연결 학습법이 효율적임
- 장기 기억: 정보를 자동으로 분류하는 특성을 가지고 있으므로, 곧 배울 내용의 주제와 구조를 미리 아는 것이 중요함

이를 바탕으로 우리는 수업 전날 해야 할, **예습과 질문 만들기**라는 구체적 학습 전략을 이야기했습니다.

두 번째 해(解)에서는 블룸의 교육 목표 분류를 살펴보며 다음과 같은 이야기를 나누었습니다.

- 적용, 분석, 평가, 창조와 같은 상위의 인지 작용이 기억 및 이해와 같은 하위의 인지 작용을 강화시킴
- 블룸의 교육 목표 분류에 따라 수업을 진행하시는 선생님의 말씀을 잘 받아들이며 크고 작은 깨달음들을 얻는 것이 무엇보다 중요
- 수업 중 선생님께서 각 내용에 대해 우리에게 요구하시는 인지 수준의 깊이를 짐작하고 표시해 둬야 함
- 수업을 들은 날 밤, 현재 머릿속에 있는 지식만으로 (기출)문제를 풀고 예상 문제도 만들어 보며, 그날 배운 내용이 결국 어떻게 평가될 것인지를 우선적으로 파악해야 함

세 번째 해(解)의 장에서는 에빙하우스와 기억 대회의 기억 장인에 대해 이야기했습니다. 이를 통해 단순 반복이 아닌 학습 내용 자체가 갖는 의미, 정서, 그리고 정보 간 연결을 중시하는 학습을 해야 함을 이야기했습니다.

네 번째 해(解)의 장에서는 학교에서의 기억 장인들이신 선생님들께서 수업 전, 수업 중, 수업 후에 하시는 인지 활동들을 살펴보며 우리의 공부가 어떠한 모습이어야 할지에 대해 다음과 같은 이야기를 했습니다.

1) 가르칠 마음으로 배우기
2) 시험 문제, 답, 오답에 대한 피드백 만들기
3) 자료 조사 및 강의 노트를 만들며 수업 준비하기
4) 왜와 어떻게에 집중된 설명을 입밖으로 소리내어 하며 가르치기
5) 상대방으로부터 받는 피드백을 바탕으로 자신과 상대의 지식에 있는 빈틈을 점검하기
6) 채점을 통해 다시 한번 평가 기준을 명확히 인식하고 기억도 응고시킴

적은 시간을 들이고도 배워야 할 것을 가장 확실히 배우는 방법은 바로 선생님처럼 수업 활동을 해 보는 것입니다. 딱 한 번만 가르칠 수 있어도, 적어도 그 내용에 대해서만큼은 여러분도 선생님의 경지에 올랐다 할 수 있습니다. 공부에는 이렇게 끝이 있어야 합니다. 개념을 설명할 수 있고 그와 관련된 문제 풀이까지도 가르칠 수 있다면 학생으로서의 공부는 끝입니다.

쉬어가는 글: 그래서 어떻게 공부하라는 거지?

해(解)의 장은 여러분에게 이렇게 공부하는 것이 좋다, 저렇게 공부하는 것이 좋다 하며 많은 내용을 소개했습니다. 해(解)의 장에 제시된 학습법 중 기억에 남는 내용들을 먼저 한 번 적어 보시기 바랍니다.

만약 여러분에게 어떤 학습법이 먼저 떠올랐다면, 어떠한 이유에서건 그 내용이 여러분의 마음속에 의미 있게 다가왔기 때문일 것입니다. 그러한 학습법은 실천으로까지 옮길 가능성이 높습니다. 우선 그렇게 내 마음에 남은 내용부터 확인하기 위해, 해(解)의 장에서 무엇을 어떻게 공부하라고 권했는지 수업 전, 수업 중, 수업 후로 나누어 하셔야 할 일들을 적어 보시기 바랍니다.

(첫 번째 학습 전략인 예습하기는 여러분을 위해 미리 적어 두었습니다.)

예습

_____
_____
_____
_____
_____

제가 준비한 답은 다음과 같습니다. 여러분의 답이 제 답과 순서나 표현이 정확히 일치할 필요는 없습니다. 다만 여러분의 답과 제 답 사이에 얼마나 겹치는 부분이 많은지, 혹 빠진 부분은 없는지를 체크해 보시기 바랍니다.

- 예습
- 가르칠 마음으로 수업 듣기
- 선생님께서 중요하다고 생각하시는 것 짐작하며 수업 듣기
- 수업 들은 날 머릿속에 있는 지식만을 이용해 기출 문제부터 풀고, 예상 시험 문제 만들기
- 설명에 필요한 자료를 준비하며 강의 노트 만들기
- 실제로 말로 가르쳐 보기
- 상대 학생에게 맞게 설명하고 질문에도 응하는 상호작용 해보기
- 채점과 평가하기

제5장
행(行) - 실행

백 번 듣는 것보다 한 번 봄이 낫고,
백 번 보는 것보다 한 번 깨우침이 나으며,
백 번 깨우치는 것보다 한 번 행함이 낫다.

백문이 불여일견(百聞而 不如一見)이요,
백견이 불여일각(百見而 不如一覺)이며,
백각이 불여일행(百覺而 不如一行)이라.

지금까지의 모든 내용을 바탕으로 인지-메타인지 학습 시스템의 구체적 실천 사항들을 소개하겠습니다. 해(解)의 장을 읽으신 여러분은 왜 이러한 실천들을 제안하는지 쉽게 이해하실 수 있을 것입니다. 그리고 바로 그러한 이해가, 여러분을 움직여줄 원동력이 될 것입니다.

먼저 인지-메타인지 학습 시스템이 제안하는 구체적 행동들을 표로 정리해 봤습니다. (보다 자세한 내용은 표 다음에 나오는 본문에서 확인할 수 있습니다.)

실천 활동	내용	인지-메타인지 효과
1. 예습 (수업 전날 15분간)	1) 문제집에서 내일 수업 범위에 해당하는 (기출)문제들을 골라 둔다(5분). 2) 내일 배울 내용에 대한 목차, 큰 제목, 작은 제목, 그림, 표, 키워드, 단원 마무리 문제 등을 훑어본다(5분). 3) '궁금하다', '재밌겠다'와 같은 마음을 내본다. 그리고 내일 범위의 첫 부분에, 책의 내용이 답하고 있는 큰 질문을 연필로 적고, 책의 곳곳에는 나만의 질문들을 연필로 적어 둔다(5분).	- 추상적인 학습 내용이 결국에는 문제의 형태로 변환되어 나옴을 인지한다. - 내일 배울 정보에 대한 주제, 순서, 구조를 파악한다. - 나만의 질문을 만들어 둠으로써 수업에 자연스레 집중할 수 있게 한다.
2. 수업 듣기 (수업 직전 1분, 수업 시간 동안, 수업 직후 5분)	1) 수업 1분 전, 준비해 두었던 질문들을 다시 한번 확인한다. 2) 선생님을 뵈면, '나도 저 선생님처럼 이 수업을 곧 …에게 가르쳐야 해'라는 마음을 낸다. 3) 선생님께서 중요하다고 생각하시는 내용(기억과 이해를 넘어, 적용, 분석, 평가를 할 수 있어야 하는 내용)을 짐작해 표시해 둔다. 4) 수업 직후, 배운 내용을 가만히 정리하는 5분의 시간을 갖는다. 이때 중요하다고 짐작되는 추가적 내용에 표시를 해둔다.	- 각성 수준과 기억 효과를 높여 준다. - 세세한 내용을 놓치지 않게 도와주며, 동시에 핵심도 놓치지 않게 해준다. - 중요한, 하지만 자신이 잘 모르는 내용에 집중하도록 만든다.

실천 활동	내용	인지-메타인지 효과
3. 평가 기준 확인 (수업 당일 40분)	1) 수업 당일 기출 문제부터 풀어본다. 교재나 다른 자료를 참고하지 않은 상태에서, 머릿속에 있는 지식만으로(힘겹게) 문제를 푼다(20분). 더불어 숙제가 있다면 바로 조금이라도 한다. 2) 예상 시험 문제를 만든다. 특히, 수업 시간에 체크해 둔 중요 내용에 대해 쉬운 문제와 어려운 문제 하나씩을 만들어본다. 방금 푼 문제와 유사한 문제여도 좋다(20분).	- 수업 중 중요하다고 짐작한 내용이 문제로는 어떻게 나오는지를 확인하여 평가 기준을 명확히 파악하게 해준다. 더불어, 수업 때는 미처 중요하다고 생각하지 않았으나, 숙제나 문제집에서 중요시하는 내용을 놓치지 않게 된다. - 이제 막 배운 내용을 힘겹게 끄집어내는 인출 훈련은 정보를 응고시키고 기억 흔적을 남겨 정보의 재인출을 돕는다. - 예습과 수업만으로도 충분히 풀 수 있는 내용과 그렇지 않은 내용을 구분한다. - 예상 시험 문제 출제를 통해 학습 목표와 평가 기준을 다시 한번 인식하게 된다. 또한 문제를 내는 과정에서 기억 응고 효과를 얻는다(생성 효과 Generation Effect).

실천 활동	내용	인지-메타인지 효과
4. 강의 노트 만들기 (수업을 한 주의 주말 / 1.5 시간)	1) 이번 주의 수업 내용을 자신에게 말이 되는 방식으로 재구성한다. 2) 자신이 선호하는 선생님, 혹은 자신의 생각에 효율적이라고 생각하는 방법을 따라, 파워포인트, 워드 / 한글, 책이나 노트의 메모 형태로 강의 노트를 만든다. 3) 강의 노트는 단순한 요약 정리가 아니다. '왜'와 '어떻게'를 나만의 언어로 설명해보는 것이다. 이를 위한 각종 배경 정보 조사도 한다. 예쁜 강의 노트를 만들기 위해 시간을 낭비하지 않는다.	- 주어진 학습 내용에 대한 큰 그림을 파악하게 된다. - 세부 내용의 특징, 가령, 단순 기억을 요하는 내용이 많은지, 아니면 이해와 적용도 요구되는지 등을 파악하게 된다.
5. 수업하기 (수업을 한 주의 주말 / 30분)	1) 준비한 강의 노트를 최대한 보지 않은 채로 수업을 해 본다. 수업의 목적은 내가 만든 예상 시험 문제를, 나의 (가상의) 학생들이 답할 수 있도록 설명하는 것이다. 2) 이전 수업, 혹은 적절한 배경 정보가 있다면, 그 내용을 소개하고 오늘 내용과 연결 짓는 것으로 수업을 시작할 수 있다. 3) 설명이나 배경 정보 준비가 어렵다면, 선생님의 도움을 받는다.	- 머릿속의 내용을 입 밖으로 꺼내는 과정에서, 내가 알고 있다고 생각한 내용 중, 말로 설명까지는 못 하는 내용을 발견하는 메타인지 효과를 얻는다. - 발화를 통한 인출 훈련이 가져오는 높은 학습 효과를 얻는다.

실천 활동	내용	인지-메타인지 효과
6. 시험 준비 (시험 2~3주 전부터 시험 하루 전까지)	1) 친구들과 각자 모의 시험지를 준비하고, 서로 교환하며 마치 실제 시험을 보듯 치러본다. 2) 서로를 평가하고, 필요한 부분에 대해 서로 가르쳐 준다. 3) 아직 내가 풀지 못하거나 답하지 못한 무언가가 있다면, 그것들만 모아 놓는다. 4) 내게 어려운 내용에 집중된 '시험 대비 특강'을 준비하고, 실제로 특강 수업을 해본다.	- 자신과 남을 평가하는 경험을 통해 마지막으로 한 번 더 평가 기준을 확인하게 된다. - 친구의 시험 문제를 풀고, 서로 설명해 주는 과정을 통해 인출 훈련을 갖고 기억 흔적도 형성한다. - 특강 준비를 통해 여전히 부족한 부분에 초점을 맞춘 학습을 한다.

실천 활동	내용	인지-메타인지 효과
7. 중간 평가 및 예상 점수 기록 (시험 전 6주 차, 4주 차, 2주 차, 1주 차 주말에 30분 미만. / 그리고 시험 직전과 직후)	1) 시험 전 6, 4, 2, 1주 차에 지금까지 배운 내용에 대한 모의 시험을 30분간 보고, 각 시점에서의 예상 시험 점수를 기록한다. 시험 직전과 직후에도 예상 점수를 기록한다. 2) 각 시점에서 틀린 문제들을 내가 만들어오던 예상 시험 문제지에 포함한다. 3) 시험 후 예상 성적과 실제 성적을 비교해 본다. 더불어 틀린 문제에 대한 강의 노트를 보완한다.	- 틀린 문제를 수집하는 것은 부족한 부분에 집중된 학습을 유도한다. - 각 시점에서의 예상 점수와 실제 성적을 비교하는 것은 자신을 객관적으로 평가하는 능력(메타인지 능력)을 향상한다. - 틀린 문제에 대해 강의 노트를 보완함으로써, 이후 같은 문제를 놓치지 않도록 하며, 자신의 공부를 어떻게 개선해야 할지에 대한 통찰을 얻는다.

참고로, 제시된 시간은 대략적인 기준으로서, 수업 내용에 따라 그리고 여러분 개인의 성향에 따라 적절히 조정해 나가시기를 바랍니다.

지금부터는 표에 정리된 실천 내용 각각을 자세히 살펴보겠습니다.

첫 번째 행(行):
예습

> 수업 전날, 수업 직후에 풀어볼 문제를 미리 골라 둔다(5분). 그리고 내일 수업에서 배울 내용에 대한, 목차, 큰 제목, 작은 제목, 그림, 표, 키워드 등을 훑어보고(5분), 질문을 적어두는 예습을 한다(5분).

문제는 공부!

'문제 풀이'를 중시하는 인지-메타인지 학습 시스템의 시작점은 역시 문제 준비입니다. 내일 수업 진도를 가늠한 후, 문제집에서 내일 범위에 해당하는 (기출)문제들을 골라 둡니다. 아직 풀어볼 필요는 없습니다. 이 문제들은 내일 수업 후 집으로 돌아오자마자 풀어볼 문제들입니다.

　이렇게 내일 풀 문제를 미리 정해두는 것만으로도, 내일 수업 내용이 결국에는 문제의 형태로 내게 돌아온다는 중요한 사실을 자각하게 됩니다.

예습은 선행학습이 아닙니다

예습은 '내일은 …에 대해 배우는구나, 순서는 대략 이렇구나' 정도를 파악하는 것입니다. 즉, 내일 배울 내용에 대한 전체적 안목을 형성하는 것입니다. 이것은 결코 내일 들을 수업을 있는 그대로 미리 들어두는 선행학습이 아닙니다.

대부분의 학생은 학교생활에 아주 많은 시간을 들여야만 합니다. 따라서 학교 수업의 효율을 극대화하는 것이 곧 가장 많은 시간을 효율적으로 사용하는 길입니다. 똑같은 수업을 학원에서 50%의 효율로 미리 듣고, 학교에서도 50%의 효율로 또 듣게 되는 선행학습보다, 학교 수업을 110% 활용할 수 있도록 하는 예습을 하셔야 합니다.

자연스러운 메타인지 형성

예습을 통해 저절로 알게 되는 사실 한 가지가 있습니다. 그것은 바로, 내일 수업 내용에 대해 자신이 무엇을 이미 알고 있고, 무엇은 모르는지에 대한 인식입니다. 인공 지능은 자신이 모르는 것이 무엇인지를 확인하는 데 꽤 긴 시간이 걸립니다. 반면, 인간은 모르는 내용 앞에서는 즉각적으로 자신의 무지를 알아차립니다. 예습을 통해 얻게 되는 이러한 메타인지는, 자연스레 수업 중 자신이 모르는 내용에 더 집중하도록 도와줍니다. 반면 선행학습 후에 갖게 되는 '나 이거 이미 들어본 적 있어'와 같은 마음가짐은 집중도를 떨어뜨리게 됩니다.

호기심 내기

예습은 방금 훑어본 내용에 관한 질문을 적어두는 것으로 마무리됩니다. 이렇게 질문을 적으실 때 여러분이 하셔야 하는 무형의 작업 하나가 있습니다. 그것은 바로, 방금 예습한 내용에 대해(억지스럽더라도) '재밌겠다', '궁금하다' 하는 호기심을 내보는 것입니다. 물론 이러한 시도가 처음에는 부자연스러울 것입니다.

그러나 인간의 뇌는 자신이 궁금해 하지 않는 내용은 잘 받아들이지 않습니다. 반면 궁금해하던 내용을 들을 때는 자연스레 집중하게 되고 그 내용을 잘 잊지 않는 특성도 있습니다. 이러한 특성을 활용하기 위해 예습 과정에서 질문을 적기 전, 내일 배울 내용에 대해 흥미를 느끼려는 마음을 꼭 한 번 내보시기 바랍니다.

학습 내용이 답하는 큰 질문 적기

우리가 학습하는 내용 대부분은 사실 어떤 질문들에 대한 답입니다. 내일 배울 학습 내용을 관통하는 큰 질문을 생각해 보는 것은, 학습 내용의 목적을 이해하고 그 내용 전체를 조망하는 데 큰 도움이 됩니다. 그러므로 예습할 때, 내일 배울 내용이 도대체 어떤 질문에 대한 답이 될 수 있는지를 생각하여 내일 배울 범위의 앞부분에 적어 둡니다.

예를 들어, 내일 일본의 역사에 대해 배운다면 '과거 일본에서는 어떤 일이 일어났었나?' 하는 것이 큰 질문이 될 수 있습니다. 이러한 질문에는 옳고 그름이 없습니다. 다만, 내일 배울 내용 전체를 아우를 수 있는 질문 형태의 문장이면 족합니다.

나만의 질문 만들기

마지막으로 우리는 내일 배울 내용에 대한 나만의 질문들을 만들어야 합니다. 이것은 수업 시간에 선생님께 여쭤보기에 적절한 것이라면 어떠한 것이라도 좋습니다. 내일 배울 내용을 '재밌겠는데' 혹은 '궁금한데'와 같은 마음으로 훑어보며, 자신에게 떠오르는 질문들이 있다면 책의 곳곳에 적어 둡니다.

예습의 구체적 모습을 정리하면 다음과 같습니다.

> **'예습의 구체적 모습'**
>
> 1. {시기}: 수업 하루 전
> 2. {시간}: 약 15분간
> 3. {목적}: 내가 내일 배울 내용이 결국 문제로 변환되어 나올 것임을 인식한다. 그리고 그 핵심 내용과 순서를 파악하여 새로 배울 정보들이 들어와 앉을 자리를 만들어 둔다.
> 4. {실천 1} 내일 수업 진도를 예상하고, 이를 바탕으로 (기출)문제집에서 관련 문제들을 골라 둔다.
> 5. {실천 2} 내일 배울 내용에 대한, 목차, 큰 제목, 작은 제목, 그림, 표, 키워드, 단원 요약, 마무리 문제 등을 훑어본다.
> 6. {실천 3} '재밌겠는데', '궁금한데', '호기심이 생기는데' 하는 마음을 내어 본다.
> 7. {실천 4} 내일 범위의 첫 부분에 책의 내용이 답하고 있는 큰 질문을 연필로 적어 둔다. 더불어 나만의 질문을 책의 곳곳에 적어 둔다.

두 번째 행(行):
수업

> 수업 효과를 극대화해 주는 '수업 직전 1분 예습'을 한 후, 가르칠 마음으로 수업을 집중하여 듣는다. 또한 선생님께서 중요하게 여기시는 내용에 표시해 둔다. 수업 후, 수업 내용을 가만히 담아두는 5분을 갖는다.

수업 직전 1분 예습

수업 시작 1분 전에는 자리에 앉습니다. 그리고, 어제 자신이 적어 놓은 **큰 질문과 나만의 질문들을 확인**합니다. 이를 통해, 오늘 무엇을 배울지를 다시 한번 확인합니다.

　'선생님께서 오늘은 무슨 이야기를 하시려나' 하고 멍한 상태로 기다리는 뇌와, 이제 곧 무엇을 배울지를 미리 알고 있고, 그중 자신이 무엇은 알고 무엇은 모르는지를 파악한 뇌는 같은 수업을 듣고도 받아들이는 정도가 다를 수밖에 없습니다. 감각 기억에 대해 이야기하며 살펴봤듯, 인간은 무언가에 주의를 집중하지 않으면 바로 눈앞에서 펼쳐진 일도 인식하지 못할 수 있습니다. (고릴라 동영상, 기억 나시나요?)

수업 직전에 질문들을 확인하는 것은 자연스레 수업에 집중하기 위함입니다. 특히 수업 시간 내내 높은 집중력을 유지할 수 없으므로, 질문을 만들어 둔 곳곳에서 자연스레 집중도가 올라가도록 나만의 질문들을 다시 한 번 수업 직전에 확인하는 것입니다.

가르칠 마음으로 수업 듣기

1분간의 예습을 마친 후 선생님께서 교실로 들어오시면, 들어오시는 선생님의 얼굴을 뵙자마자 '**나도 저 선생님처럼 이 수업을 …에게 가르쳐야 해**'라는 마음을 냅니다.

실제로 인지-메타인지 학습 시스템은 여러분이 수업에서 배운 내용을 직접 가르쳐 보는 실천 활동을 포함합니다. 그러니 이렇게 가르<u>칠 마음을 낸다는 것</u>은 결코 억지스러운 일이 아닙니다.

가르칠 마음을 냄으로써, 우리는 선생님께서 하시는 작은 농담에까지 귀를 기울이는 효과를 얻게 됩니다. 그리고 학습 내용과 관련된 이러한 작은 정보들은 그 내용을 응고시키는 재료가 되어줍니다.

또한 가르쳐야 한다는 마음가짐은 수업 내용 중 자신이 잘 모르는 내용에 집중하게 만듦으로써 수업 듣기의 효율을 높여줍니다.

선생님의 말씀을 잘 따라가고, 중요하다고 생각하시는 듯한 내용 체크해 두기

선생님께서는 오늘 배울 내용에 대한 시험 문제를 이미 준비해 놓으셨습니다. 즉, 선생님에게는 오늘 수업 내용 중, 시험 문제로까지 낼만큼 중요한 내용이 있고, 그렇지 않은 내용도 있는 것입니다. 수업 시간에 우리는 선생님께서 인식하시는 이러한 학습 내용의 중요성을 파악하기 위해 노력해야 합니다.

가령 선생님께서 어떤 내용에 더 많은 시간을 할애하시는지, 어떤 내용은 간략히 언급만 하고 넘어 가시는지 등에 따라 **중요도를 구분하고, 중요 내용에만 체크**를 해 둡니다.

그러나 이러한 체크보다 더 중요한 것은, 블룸의 교육 목표 분류에 따라 수업을 진행하시는 **선생님께서 전하시고자 하는 크고 작은 깨달음을 잘 받아들이는 것**입니다. 가령, 선생님께서 기억을 위한 소개만을 하시든, 이해를 위한 설명까지 하시든, 혹은 적용을 위한 사례도 드시든, 선생님께서 여러분이 해낼 수 있기를 바라시는 인지 작용을 최대한 따라가며 수업 내용을 잘 받아들여야 하는 것입니다.

또한 수업 시간은 해당 내용이 시험에서는 어떠한 형태로 나올지에 대한 정보를 얻기에 가장 좋은 시간이기도 합니다. 그러니 **선생님께 시험에 관한 구체적 질문을 망설이지 말고 물어보기**를 바랍니다. 가령, 해당 내용이 객관식으로 나올지 주관식으로 나올지 등을 여쭤보는 것입니다. 선생님에 따라 다르시겠지만, 여러분의 질문에 따라 선생님께서는 시험 문제에 대한 힌트를 생각보다 쉽게 나누어 주실 수도 있습니다. 이미 선생님께서는 시험 문제를 다 만들어 두셨기 때문입니다.

수업 직후의 담아두기

수업 직후 5분 동안, 방금 배운 내용을 가만히 정리하는 시간을 갖습니다.

필기에서 놓친 부분이 있거나, 무엇이 중요한 내용이었는지에 대한 체크를 놓쳤다면(친구의 도움도 받아 가며) 채워 넣습니다.

수업 듣기의 구체적 모습

1. {시기}: 수업 중
2. {목적}: 선생님께서 블룸의 교육 목표 분류에 따라 준비하신 설명을 잘 따라간다. 그리고 각 수업 내용에 대해 선생님께서 인식하시는 중요도를 짐작해 본다.
3. {실천 1} 수업 시작 1분 전, 어제 적어둔 큰 질문을 확인하며 오늘 배울 내용이 무엇에 대한 답을 주는 내용인지를 확인한다. 더불어 나만의 질문이 있는 페이지와 그 질문 내용들을 확인해 둔다.
4. {실천 2} 선생님의 얼굴을 뵈며, '나도 저 선생님처럼 이 수업을 곧 …에게 가르쳐야 해'라는 마음을 낸다. 실제로 우리는 그 내용을 가르치는 학습 활동도 할 것이다.
5. {실천 3} 선생님께서는 기억해야 할 학습 내용들을 소개하시고, 그 내용에 대한 이해를 돕는 설명을 하시고, 그 내용을 새로운 맥락에 적용하시는 등의 순서를 따르신다. 수업 중 가장 중요한 일은, 이러한 흐름에 따라 선생님께서 전하시고자 하는 크고 작은 깨달음들을 잘 얻는 것이다.
6. {실천 4} 선생님께서 생각하시는 수업 내용의 경중을 짐작한다. 선생님께서 더욱 많은 시간과 에너지를 쓰시는 학습 내용을 반드시 표시해 둔다.
7. {실천 5} 시험에 관한 구체적 질문하기를 망설이지 않는다(범위, 문제 수, 주관식 여부, 난이도 등). 선생님께서는 이미 시험 문제를 내놓으셨으므로 그에 관한 힌트를 나눠 주실 수도 있다.
8. {실천 6} 수업 직후, 그날 배운 내용을 가만히 자신의 머릿속에 정리하는 5분을 갖는다. 이때, 자신이 놓친 필기나 체크 표시가 있다면(친구의 도움을 받아 가며)보충해 둔다.

세 번째 행(行):
평가 기준 확인하기

> 수업을 한 날, 미리 골라 둔 문제를 푼다(20분). 만약 선생님께서 숙제로 내주신 문제가 있다면 그것도 풀어본다(숙제는 조금일지라도 내주신 날 바로 시작한다). 그리고 오늘 배운 주요 내용들에 대해 쉬운 문제 하나 어려운 문제 하나씩을 예상 시험 문제로 만든다(20분).

문제 풀이를 늦추지 않기

수업 직후의 문제 풀이는 결코 성급한 일이 아닙니다. 빠른 문제 풀이는 수없이 많은 연구를 통해 입증된 효과적 학습법입니다. 그러니 문제 풀이를 어떠한 이유에서든 늦추지 마시기를 바랍니다.

수업 직후의 문제 풀이는 정답을 맞히는 것에 목적이 있지 않습니다(정답을 맞힐 만한 실력은 인지-메타인지 학습 시스템의 마지막 단계에서 얻게 되는 것입니다). 수업 당일의 문제 풀이는 오늘 수업에서 배운 내용이 어떠한 문제로 시험에 나올지를 파악하는 것, 즉 **평가 기준의 확인**에 목적이 있습니다. 기출 문제가 있다면 예습 단계에서 이것을 골라 놓고 수업을 들은 날 바로 풀어 봅니다.

문제 풀이 위주의 숙제가 있다면 그것은 선생님께서 필요하다고 생각하시는 내용이니 숙제가 나온 그날 바로 조금이라도 해 둡니다. (숙제는 미루지 않고 나온 그날 첫 발을 떼 둡니다.)

시험을 보듯 숙제와 기출 문제 풀기

수업 직후 문제를 풀 때, 이 문제들을 마치 시험 문제를 대하듯 푸십시오. 즉, 교과서나 노트, 기타 참고 자료를 보지 않고 처음부터 끝까지 **현재 여러분의 머릿속에 있는 지식만으로 문제를 풉니다**. 이렇게 아직 응고되지 않은 지식을 힘겹게 떠올리는 인출 훈련은 해당 정보의 효율적 응고를 돕습니다.

만약 수업 직후에도 문제 풀이가 가능한 내용이 있다면, 그러한 문제는 이후의 학습 과정에서 과감히 **배제**해야 합니다. 그 정도의 내용은 우리가 아직 잘 모르는 내용을 학습할 때 다시 만나는 것으로도 충분히 학습됩니다. **우리가 공부하는 대부분의 시간은 우리가 잘 모르는 내용, 특히 문제 풀이까지는 되지 않는 내용에 집중되어야 합니다.**

예상 시험 문제 만들기

앞서 수업 당일의 문제 풀이는 정답을 맞히는 것에 목적이 있는 것이 아니라, 평가 기준의 확인에 목적이 있다고 말씀드렸습니다. 마찬가지로, 예상 시험 문제를 만드는 것 역시 실제 시험 문제를 정확히 짚어내는 것에 목적이 있지 않습니다. 다시 한번, 해당 내용에 대한 **평가 기준을 머릿속에 각인시키는 것이 목적**입니다. 즉, 학습 내용을 문제로 변환해

보며 어떠한 평가 기준에 따라 자신의 지식이 결국 평가될 것인지를 확인하는 것입니다.

예상 시험 문제를 만들 때에는 우선, 주요 학습 내용 각각에 대해, 관련 내용을 기억하기만 해도 풀 수 있는 쉬운 문제나 혹은 교과서가 옆에 있다면 누구라도 쉽게 풀 수 있는 **쉬운 문제 하나를 만듭니다.**

그리고 같은 내용에 대해, 설령 교과서가 옆에 있더라도 **다소 풀이가 어려울 문제 하나를 만듭니다.** 이러한 깊은 사고 과정 끝에 스스로 만들어 낸 문제들은 여러분의 기억 속에 매우 오래 남게 됩니다.

만약 어려운 문제를 내는 과정에 너무 많은 시간이 든다면, 방금 푼 문제들을 따라 만들어 보는 정도로도 충분합니다.

자신이 만든 쉬운 문제 하나, 어려운 문제 하나씩을 각각 포스트잇에 적고, 그것들을 시험지와 같은 큰 종이에 여유 공간과 함께 붙여 둡니다.

포스트잇을 이용하는 이유는, 우리가 내용을 점점 더 깊이 이해하게 되면서 우리의 예상 문제 또한 바뀔 수 있기 때문입니다. 더불어, 시험 6, 4, 2, 1주 전 자신을 평가하며 추가하게 될(내가 틀린 혹은 중요한) 문제의 배치를 쉽게 하려고 각 문제 주변에 충분히 여백을 둡니다.

평가 기준 확인하기의 구체적 모습

1. {시기}: 수업 당일
2. {시간}: 40분간(문제 풀이 20분, 문제 만들기 20분)
3. {목적}: 숙제나 (기출)문제를 풀며 수업에서 배운 내용들이 어떠한 형태의 문제를 통해 시험에 나올지 즉, 평가 기준부터 확인한다. 더불어 문제를 푸는 과정에서 일부 지식은 곧바로 응고된다. 또한 직접 문제를 만들며 다시 한번 평가 기준을 스스로에게 각인시킨다. 이 과정 역시 학습 내용의 효과적 응고를 돕는다.
4. {실천 1} 수업 날 밤 20분간, 숙제나 예습 때 골라 놓은 (기출)문제들을 풀어본다.
5. {실천 2} 문제를 풀 때에는 교과서나 다른 참고 자료 없이 마치 시험을 보듯 머릿속에 있는 지식만으로 푼다.
6. {실천 3} 선생님께서 내주신 숙제나 수업 당일에 풀기 위해 미리 골라 놓은 (기출)문제들을 바탕으로 중요 내용에 대한 예상 시험 문제를 만든다. 특히 내용을 외우기만 하면 풀 수 있는 쉬운 문제와 보다 깊은 사고작용(적용, 분석, 평가)까지 요하는 어려운 문제 하나씩을 만든다. 이때, 시험지와 같은 큰 종이와 큰 포스트잇을 여백을 두며 이용하고, 매 수업 진도에 맞춰 예상 시험 문제들을 늘려간다. 시험 6, 4, 2, 1주 차 주말에 하게 되는 중간 점검 시에 발견된, 내가 틀린 문제 혹은 중요 문제들도 이 예상 시험 문제지에 추가해 나간다.

네 번째 행(行):
강의 노트 만들기

> 수업을 한 주의 주말에, 그 주에 배운 내용을 내게 말이 되는 방식으로 정리하고, 내 가상의 학생들이 내가 준비한 시험 문제에 답할 수 있도록 가르칠 준비를 한다(1시간 반).

강의 노트란

누구든 처음 무언가를 가르칠 때는 내용 모두를 머릿속에 담아둘 수 없습니다. 또한 효과적으로 교재의 내용을 전달하기 위해서라도 각 선생님의 판단에 따른 내용의 재구성이 필요합니다. 때문에 가르치는 사람은 전달해야 할 내용을 자신만의 방식으로, 스스로를 위한 메모와 함께 담은 **강의 노트**라는 것을 만들게 됩니다. 여기서 중요한 사실은, 이 **강의 노트는 가르치는 사람을 위한 것**이라는 점입니다.

가령, 사실적 정보를 전달할 때에는 언제라도 그 내용을 쉽게 떠올리거나 참고하며 전달할 수 있도록 자기 스스로가 보기 좋게 내용을 정리해 둡니다.

설명이 필요한 부분에서는 설명할 때 사용할 키워드나 표현을, 마찬가지로 자기 자신이 쉽게 알아볼 수 있도록 적어 놓습니다. 마치 시험에서 부정행위를 하는 학생처럼, 가르치는 사람에게도 자신만을 위한 커닝 페이퍼가 필요한 것입니다. 교과서에 적은 메모든, 컴퓨터로 만든 파일이든, 선생님 스스로가 자신이 수업을 원활하게 하기 위해 준비하는 자료가 강의 노트입니다.

저는 주로 파워포인트나 워드를 이용해 강의 노트를 만듭니다. 단편적인 정보를 전달할 때에는 주로 파워포인트를 사용합니다. 통계 수업과 같이 크고 작은 내용들이 유기적으로 연결되어 있는 경우에는, 제가 해야 할 설명의 핵심을 워드 파일에 적어 놓습니다.

인터넷 강의를 봐도 수업을 시작할 때 칠판에 무언가가 미리 적혀 있는 경우가 많습니다. 거기에 선생님들께서 밑줄을 긋기도 하고 빈칸을 채우기도 하시며 설명하십니다. 이때, 비록 우리에게 보이지는 않았지만, 선생님들께서 다루셨던 모든 내용은 자신만의 노트나 컴퓨터 파일에 이미 다 정리가 되어 있습니다. 그중 일부만을 학생들에게 보여주시는 것입니다. 그러니까 강의 노트와 학생들이 보는 수업 자료는 서로 다릅니다. 주말 복습 1단계로 하게 되는 작업은, 학생을 위한 수업 자료가 아닌, 바로 이 가르치는 사람 자신을 위한 강의 노트 만들기입니다.

강의 노트 준비

파워포인트를 쓰든, 혹은 워드나 한글 파일을 쓰든, 아니면 책에 메모를 하든, 강의 노트를 준비할 때 무엇보다 중요한 것은 **자신이 가르쳐야 할 내용을 자신에게 말이 되는 방식으로 재구성**하는 것입니다. 특히 교과서나 기타 교재에 담긴 학습 내용이 자신의 눈에는 잘 정돈되어 있지 않아 보일 때, 그 순서 등을 내 구미에 맞게 바꾸고 싶을 때에는, 그것을 가지고 그대로 수업해서는 안 됩니다.

인지-메타인지 학습 시스템에 따라 우리는 곧 누군가에게 실제로 무언가를 가르쳐야 합니다. 그때 여러분이 참고할 자신만의 강의 노트는 적어도 여러분에게만큼은 가장 합리적인 것이어야 합니다. 따라서, 교재 속 표현이나 내용의 구조, 순서 등을 바꾸는 것을 겁내지 마시고 자신에게 가장 말이 되는 형태로 그 내용들을 재구성 및 재표현하시기를 바랍니다. 앞서 해(解)의 장에서 장기 기억에 대해 이야기하며 살펴본 것처럼, 학습자료가 말이 되는 방식으로 잘 구조화되어 있는 경우의 학습 효과가, 그렇지 않은 경우의 학습 효과에 비해 월등히 높습니다. 똑같은 내용을 가르치더라도 선생님마다 그 가르치는 방식이 다르듯, 사람마다 적절하다고 생각되는 자료 정리 방식은 다릅니다. 여러분도 여러분만의 방식으로, 적어도 여러분 스스로에게는 가장 말이 되는 방식으로 수업 내용을 정리하십시오. 그래야만 그 내용이 나의 장기 기억 속에 더욱 효과적으로 응고될 수 있습니다.

강의 노트를 준비하는 데 도움이 될 몇 가지 정보입니다.

강의 노트 준비 1단계: 목차와 학습 목표 확인하기

강의 노트에 먼저 들어가야 할 내용은 수업의 제목과 학습 목표입니다. 각 단원의 제목을 담은 목차와 각 단원이 시작되는 부분에 있는 학습 목표를 참고하여, 여러분이 가르쳐야 할 내용의 **제목과 학습 목표를 자신이 생각하기에 적절한 표현으로 바꿔가며 적습니다.** (물론 책에 사용된 표현을 대체할 다른 표현이 없거나, 자신도 그 표현에 동의한다면 굳이 바꿀 필요는 없습니다.)

이렇게 수업 내용의 제목과 목표를 확인하고 정리하는 정도의 작업은, 방학 때 다음 학기의 내용을 대상으로 해두면 좋습니다. 그러나 학기 중간에 이 책을 읽고 계시더라도 상관은 없습니다. 당장 이번 주에 배운 내용부터 자신의 강의 노트에 정리해 나가시면 됩니다.

강의 노트 준비 2단계: 학습 내용 집어넣기

목차와 수업 목표가 정리되었다면, 이번 주 수업 내용에 해당하는 자료를 그 아래에 집어넣습니다.

우선은 '가르칠 내용들을 그냥 담아둔다'라는 마음으로 필요한 개념들을 tab키를 이용해 담아 갑니다.[59] 가령, 어떤 위계를 가진 10가지 내용을 다루어야 할 경우, 우선은 그 10개의 개념을 enter버튼과 tab 버튼을 이용해 구조화하는 것만으로도 충분합니다. 간혹 '선생님은 파워포인트에 있는 저 내용들을 일일이 다 외우지 않아도 돼서 좋겠다'라는 생각을 해 본 적이 있으실 것입니다. 이 단계에서는 여러분도 그러한 혜택을 누릴 수 있습니다. 외워야 한다는 부담 없이 일단 가르칠 내용들을 나열합니다.

그 후에는 **내가 보기에 좋은 방식으로 이 내용들의 순서나 구성을 바꿔봅니다.** 이때, 국어나 영어와 같이 지문을 이용한 수업의 경우에는 책 자체에 필기하며 강의 노트를 만들 수도 있습니다. 그러나 국어나 영어도, 문법적인 내용이나 어휘 등과 같이 지문과 별개의 내용은 별도의 강의 노트에 정리해 두는 것이 좋습니다. 수학의 경우 컴퓨터로 수식을 쓰기 어렵기 때문에 노트와 연필을 이용해 강의 노트를 준비해도 좋습니다. 어떤 형식의 파일을 사용하느냐, 책에 적느냐, 노트에 적느냐 등을 결정하는 데 너무 많은 시간을 쓰시지 말고, 여러분께서 지금껏 봐오신 수많은 선생님의 수업을 바탕으로, 자신이 생각하기에 가장 효율적이라고 생각하는 방식으로 쉽고 빠르게 강의 노트를 만들어 보시기를 바랍니다.

　자료 재구성의 예로서, 저는 제 인지심리학 수업의 강의 노트를 준비할 때, 교과서의 한 단원 안에 제시된 내용 중 가장 유사하고 관련된 것들을 교재 속 순서와 상관없이 묶기도 합니다. 그러다 보면 실제 일어난 순서, 혹은 교과서 안에서의 원래 순서와는 다르게 내용을 제시하게 되기도 합니다. 그러면 학생으로서는 교과서를 이리저리 왔다 갔다 하는 것처럼 보일 수도 있습니다. 그러나 그것이 제게는 더 말이 되는 수업 방식입니다. 여러분도 이렇게 본인 스스로에게 더 말이 되는 방식으로 수업 내용을 재구성하고 표현도 바꿔 보십시오. 그렇게 본인이 적극적으로 재구성한 내용은, 적어도 그 사람의 기억 속에서는 오래 남습니다.

강의 노트 준비 3단계: 정보의 전달 vs. 설명 준비

수업은 두 가지 요소로 구성되어 있습니다. 정보의 **전달**과 정보의 **설명**. 수업 준비는 이 두 가지 측면 모두에 대해 이루어져야 하지만, 수업은 궁극적으로는 **'왜'와 '어떻게'에 집중된 설명**에 초점이 맞춰져야 합니다. 그래도 순서는 정보 전달이 우선이므로, 처음에는 정보를 효과적으로 전달할 준비에만 초점을 맞춥니다.

효과적인 정보 전달을 위한 원리(1): 연결 지어 소개하기

단편적 정보를 효과적으로 전달하기 위한 핵심 원리 중 하나는, 인지적 학습법을 이야기하며 이 책에서 자주 언급했듯, **학습 내용을 우리에게 이미 익숙한 정보와 연결 지으며 소개하는 것입니다.**

　가령 심리학에서 매우 유명한 연도 중 하나는 바로 1879년, 독일에 최초의 심리학 실험실이 세워진 해입니다. 이 내용을 가르쳐야 하는 저는 "최초의 심리학 실험실이 세워진 해는 1879년입니다. 잊지 말고 꼭 기억하세요"라고 말할 수도 있고, 혹은 다음과 같이 말할 수도 있습니다. "최초의 심리학 실험실이 1879년에 세워진 후, 딱 100년이 지난 1979년에 위대한 심리학자가 태어났습니다. 바로 저입니다." 이와 더불어 저는 잠시 제 나이에 대해 가벼운 이야기를 합니다.

여기서 조금 의아한 부분은, 원래는 '최초의 심리학 연구실 설립: 1879년' 과 같이 간단하게 줄여질 수도 있는 정보를, 제가 오히려 제 나이까지 덧붙여가며 부풀려(정보량을 늘려서) 소개하고 있다는 것입니다. 그럼에도 불구하고, '최초의 심리학 연구실 설립: 1879년'을 1분 반복하는 것보다, 같은 1분 동안 제 나이에 관한 이야기를 이렇게 농담을 섞어가며 소개하는 것이 더욱 효과적이라는 것입니다.

사실 1879라는 숫자는 그걸 가르쳐야 하는 저에게도 매우 무의미하고 외우기 힘든 숫자입니다. 그것을 제가 태어난 1979년과 '100년 후'라는 익숙한 개념을 통해 연결했을 때까지는 말입니다. 하지만 딱 한 번 이러한 연결을 한 후부터는 1879는 적어도 저에게는 잊을 수 없는 해가 되었습니다. 결국 학생들을 잘 가르치기 위해 이런저런 정보들을 연결 짓던 제가 기억의 가장 큰 수혜자가 된 것입니다.

여러분도 수업을 준비하는 과정에서 이렇게 낯선 정보와 익숙한 정보를 연결 지으며 소개하는 과정에서 해당 정보에 대한 가장 큰 수혜자가 될 것입니다.

효과적으로 정보를 전달하기 위한 원리(2): '왜'와 '어떻게'에 대한 설명 준비
사실적 정보의 전달을 돕는 두 번째 방법은 비록 단순히 외우기만 해야 할 것처럼 보이는 내용조차도, 관련 정보를 조사하여 '왜'와 '어떻게'에 대한 설명을 해주는 것입니다.

즉, 앞서와 같이 특정 연도나 무의미해 보이는 명칭처럼, 단순 반복밖에는 답이 없어 보이는 내용에 대해서까지도, **왜** 그 시점에 그 일이 일어났는가, 혹은 **어쩌다** 그러한 명칭을 사용하게 되었는가를 잠시 조사해 보십시오. 그러한 조사를 위해 잠시 해당 정보를 머릿속에 담아두는 것만으로도 단순 반복보다는 훨씬 수월하지만 효과적인 암기의 수단이 되며, 유의미한 관련 정보를 만날 경우 더 쉽게 그 정보를 기억할 수 있게 됩니다.

그럼에도 불구하고 잘 외워지지 않는 내용이 있다면, 그것을 외우는 방법까지도 소개하는 **친절한 선생님의 역할을 자처**해 보시기를 바랍니다. 또, 잘 이해가 가지 않는 내용이 있다면, 그 내용을 더욱 쉽게 설명하는 선생님이 되겠다는 마음으로, 학생의 눈높이에서 '왜'와 '어떻게'를 설명할 수 있도록 관련 정보를 조사해 보시기 바랍니다. 이 과정에서 여러분의 머릿속에서 그 정보가 다른 정보와의 연결 및 고차원적 사고 작용을 겪으며 보다 잘 응고될 것입니다.

강의 노트 준비 시 유의사항:
'꾸미기'에 절대 많은 시간을 쓰지 않는다 그리고 도움을 받는다

강의 노트를 준비할 때에는 자신이 준비한 내용들을 예쁘게 담아두려고 노력하셔서는 안 됩니다. 가령, 여러분이 전하고자 하는 내용과 관련한 그림을 인터넷에서 찾기 위해, 혹은 예쁘게 편집하기 위해 너무 많은 시간을 쓰셔서는 안됩니다.

마지막으로, 필요한 경우에는 선생님께 혹은 친구에게 도움을 청해 보시기를 바랍니다. 내용들이 너무 헷갈리고, 양도 많아 외우기 힘들 때, 혹은 아는 것 같은데 막상 요지를 정리해보려 하면 잘되지 않을 때, **친구나 선생님께 도움을 청하시기를 바랍니다.** 도움을 청하는 과정에서 학습 내용을 언급하는 것만으로도 여러분은 인출 훈련을 하게 됩니다. 뿐만 아니라 친구나 선생님들께서는 여러분이 알지 못하는 기억술이나 유용한 배경 정보를 알고 있을 수도 있습니다.

강의 노트 만들기의 구체적 모습

1. {시기}: 수업을 한 주의 주말
2. {시간}: 1.5시간
3. {목적}: 나에게 말이 되는 방식으로 학습 내용을 정리하고 그것을 효과적으로 전달하기 위해 준비를 하는 과정에서 학습 내용의 효과적 응고가 일어난다. 더불어 세부 학습 내용들의 특성을 파악한다(외울 것이 많은가 / 내용 이해가 어려운가).
4. {실천 1} 해당 수업 내용에 대한 제목과 학습 목표, 그리고 구체적 수업 내용을 파워포인트, 워드 / 한글 파일, 손으로 적은 노트, 혹은 교과서 속 메모의 형태로 정리한다.
5. {실천 2} 학생들에게 소개할 내용을 자신이 생각하기에 가장 합리적인 방식으로 재구성하고, 표현 역시 나에게 가장 말이 되는 것으로 바꾼다.
6. {실천 3}: 단편적 사실을 전달할 때조차도, 단순 요약 전달이 아닌, 다른 정보와의 연결이나 '왜'와 '어떻게'에 집중한 설명을 준비한다.
7. {실천 4} 강의 노트 준비에 어려움이 생기면 선생님께 도움을 청한다. 가령, 사실적 정보의 기억이 어렵다면 이를 도와줄 대안책으로 기억술(첫 글자만 딴 농담) 등이 있는지 여쭤본다.
8. {주의 사항} 절대 강의 노트를 꾸미기 위해 많은 시간을 쓰지 않는다.

다섯 번째 행(行):
수업하기

> 수업이 이루어진 주의 주말에 자신의 강의 노트를 바탕으로 실제 누군가를 앞에 두고 수업을 해본다(30분).

수업의 시작: 배경 지식의 제공

무언가를 가르쳐 보려는 학생이 흔히 만나게 되는 첫 난관은 '어디서부터 어떻게 이야기를 시작해야 하는가?'입니다. 이런 막막함이 들 때에는 다음과 같은 접근을 시도해 볼 수 있습니다.

- 만약 이전 수업 내용 중, 이번에 가르쳐야 할 내용과 관련된 내용이 있다면 그것을 먼저 상기시키고 관련성을 소개한다.
- 만약 새로운 수업 내용과 직접적으로 연관된 과거의 수업 내용이 없다면, 새로 배울 내용을 받아들이는 데 도움이 될 만한 배

경지식이나 관련 정보를 조사하고 소개한다.

이 두 접근법 모두 새로운 학습 내용을 잘 받아들이기 위해 학생들이 갖추고 있어야 할 **배경지식을 제공**하는 것이 목적입니다. 그러나 이 과정에서 우리가 정말 바라는 것은, 가르치는 우리 자신의 머릿속에서 학습 내용과 배경지식이 한 번 더 연결되어 그 내용이 더 견고히 응고되는 것입니다.

가르치기의 인지적-메타인지적 효과

자신이 준비한 내용을 직접 입 밖으로 꺼내는 것은 이른바 발화 효과를 유발해 그 내용을 보다 잘 기억하게 돕는 효과를 가져다줍니다. 그러나 이보다 더 중요한 효과는 바로, 충분히 알고 있거나 설명할 수 있다고 생각했지만 실제로는 그렇지 못한 부분을 발견하는 메타인지 효과입니다. 이것은 실제로 설명을 시도할 때까지는 절대로 발견하지 못하는 자기 지식 안의 빈틈입니다.

만약 자신의 언어로 무언가를 충분히 설명할 수 있다면, 혹은 그와 **관련된 문제**를 풀 수 있을 뿐만 아니라, 그 풀이를 가르칠 수 있다면, 그 내용에 대한 학습은 완료되었다고 볼 수 있습니다. 간단히 말해, 가르칠 수 있다면 학습이 끝난 것이므로, 반드시 가르침으로써 자신의 **학습이 완료되었는지를 체크**해야 합니다.

자기 수업의 꾸준한 개선

한 주 한 주 지나가며, 지난 주의 수업에서 가르친 내용을 간략히 가르치는 시간을 다음 수업 초반에 넣습니다. 가령, 1주 차 수업 내용 혹은 문제 풀이 내용을 2주 차 수업 초반에 간략히 집어넣고, 3주 차 수업 초반에는 1, 2주 차 수업 내용이나 문제 풀이 내용을 간략히 집어넣습니다. 이때, 이전 수업에서 잘 설명해 내지 못했던 부분의 설명을 재시도하며 **자신의 수업을 꾸준히 개선해 갑니다.** 이때, 필요하다면 선생님이나 친구에게 도움을 청하는 것을 주저하지 마시기 바랍니다. 결국, 강의 노트의 도움 없이도 무언가를 잘 설명할 수 있거나, 문제 풀이까지 설명해 낼 수 있다면 그 내용에 대한 학습이 완료되었으므로, 더 이상은 반복하여 가르쳐 볼 필요가 없습니다.

또한, 한 주씩 수업을 개선해 나가며, 자신이 이미 내놓았던 예상 시험 문제 또한 개선할 필요가 있다고 느끼면 조금씩 예상 시험 문제들을 업데이트하거나 추가해 갑니다. 가령, 예전에 만든 '어려운' 문제가 더는 어렵게 느껴지지 않을 경우, 그보다 더 어려운 문제를 만들어 봅니다.

수업하기의 구체적 모습

1. {시기}: 수업을 한 주부터 시험 2~3주 전까지
2. {시간}: 수업이 있던 주의 주말 30분. 한 주 한 주 지날수록, 지난 수업 내용의 요약 혹은 어려운 문제 풀이를 새 수업 초반에 포함한다. 다만, 이에 따라 수업 시간이 너무 늘어나지 않도록(1시간 미만), 특별히 설명이 잘되지 않는 내용만 다시 가르쳐 본다.
3. {목적}: 수업 내용을 말로 전달하는 경험을 통해 지식을 더욱 응고시킨다. 또한 설명할 수 있을 것으로 생각했지만 실제로는 설명해 내지 못하는 내용을 파악하고 보완한다.
4. {실천 1}: 실제 사람을 앞에 두고 지난 수업과 새로운 수업을 연결하여 소개하거나, 새로운 수업 내용을 받아들이는 데 필요한 배경지식을 소개하며 수업을 시작한다.
5. {실천 2}: 자신이 준비한 수업 내용을 직접 입 밖으로 소리 내어 전달한다. 설명이 잘 안되는 부분에 대해서는 강의 노트를 보완하고, 강의 노트를 보지 않고는 수업을 할 수 없는 내용이 있다면 이후 수업에서는 그 부분을 포함하여 수업한다.
6. {실천 3}: 수업이 잘 이루어지지 않는 부분에 대해 친구나 선생님에게 도움을 청한다.
7. {실천 4}: 한 주씩 지남에 따라 자신이 설명해 내지 못하는 부분을 반복적으로 설명해 봄으로써 자신의 학습 완료 여부를 확인한다. 그리고 그에 맞춰 예상 시험 문제지도 업데이트해 나간다. (쉬워진 문제를 제거하고, 더 어려운 문제를 추가한다.)

여섯 번째 행(行):
시험 준비

> 시험 2~3주 전부터 시험 하루 전까지, 여전히 설명하기 힘든 내용, 아직 풀리지 않는 문제들을 모아 그러한 내용을 집중적으로 가르치는 특강을 준비한다.

시험을 일주일 앞둔 시점부터는 다른 친구들과 함께, 각자가 만든 예상 **시험 문제를 공유**하며 서로를 테스트합니다. 이 과정에서 우리는 또 한 번 평가 기준을 확인하고, 문제를 푸는 과정에서 인출 훈련을 하며, 채점과 피드백을 제공하는 경험도 주고받게 됩니다.

　이때 여전히 잘 외워지지 않는 내용, 설명하기 힘든 내용, 아직 풀리지 않는 문제들이 있다면, 그러한 내용만 한 장의 종이에 모아 둡니다. 그리고 그 모아 둔 내용들에 집중한, **시험 대비 특강**을 준비합니다. 특히, 아직 어렵게 느껴지는 문제들을 유형화하고, 각 문제를 어떻게 접근하여 풀지를 설명하는 '유형별 문제 풀이 수업'을 준비합니다.

시험 준비의 구체적 모습

1. {시기}: 시험 2~3주일 전부터 시험 하루 전까지
2. {시간}: 모의 시험을 치르는 시간(약 45분) 및 친구들과 함께 채점하고 설명을 주고받는 시간(약 45분) 그리고 특강을 준비하고 실제로 해보는 시간(개인의 필요에 따라 다른 시간)
3. {목적}: 모의고사를 통해 자신과 남을 평가하며, 마지막으로 한 번 더 평가 기준을 확인하고 인출 훈련도 갖는다. 더불어, 자신이 약한 부분에 집중된 시험 준비를 한다.
4. {실천 1} '친구들과 시험 보기': 지금껏 만들어 온 예상 시험 문제들 중 자신에게 어려운 문제만을 모아 모의고사용 시험지를 만든다. 친구들과 이러한 모의고사 문제들을 교환하고 풀며 서로를 평가하고, 가르쳐주는 기회를 얻는다.
5. {실천 2} '컨닝 페이퍼 만들기': 시험 1주일 전임에도 아직 기억이 잘 나지 않는 내용이 있거나 설명하기 힘든 내용이 있다면, 그러한 내용만 종이 한 장에 모아둔다. 즉, '이것만 시험장에 들고갈 수 있으면 100점을 받을 수 있다'라고 생각하는 '컨닝 페이퍼'를 만든다.
6. {실천 3} 이 내용만 모아 '시험 대비 특강'을 준비한다. 특히 문제 유형별로 접근법을 정리하여 설명하는 수업을 준비하고 실제로 입 밖으로 소리 내며 수업을 해본다.

일곱 번째 행(行):
(메타인지 측정을 위한) 예상 점수 기록

> 시험을 6주, 4주, 2주, 1주를 앞둔 주말에는, 그때까지 배운 내용에 대해 모의고사를 본다. 그리고 이와 더불어 시험 직전과 직후를 포함해, 각 여섯 시점에서의 예상 시험 점수를 적는다.

'메타인지'라는 용어가 한국에 널리 알려진 것은 바로 '0.1%의 비밀'이라는 타이틀로 유명한 EBS의 다큐멘터리 때문입니다. 이 방송에서 제작진은 평범한 학생들과 전국 상위 0.1%의 성적을 가진 학생들을 여러 측면에서 비교해 보았습니다. 그러나 이 두 집단 사이에는 성적 이외의 뚜렷한 차이가 발견되지 않았습니다. 결국 제작진은 아주대학교 심리학과 김경일 교수님을 찾아가 조언을 구한 끝에, 한 가지 추가 실험을 하게 됩니다.

학생들에게 단어 암기 시험을 치르게 했는데, 이 실험에서는 학생들에게 25개의 단어 각각을 3초씩 보여주고, 그 단어들을 최대한 많이 기억해보라고 했습니다. 그리고 연구자들은 학생들의 기억을 테스트하기 전 중요한 과제 한 가지를 줍니다: "본인이 기억하고 있다고 생각하는 단어의 개수를 적어 주시기 바랍니다." 즉, 학생들은 자기 기억의 정확성에 대한 평가를 해야 했던 것입니다. 실험 결과 상위 0.1% 학생들은 자신이 단어를 몇 개나 기억할지를 거의 오차 없이 예측했습니다. 반면, 다른 학생들은 자신의 예측 점수와 실제 기억 점수 간에 큰 차이가 있었습니다. 즉, 상위 0.1%와 그 외의 학생들을 구분하는 유일하고도 분명한 차이는, 바로 메타인지에 있었던 것입니다.

여러분의 메타인지를 측정하고 향상시키는 한 가지 방법은, 장기간에 걸쳐 자신의 시험 점수를 예측하고 이를 바탕으로 실제 시험 점수와의 차이를 기록해 나가는 것입니다. 보다 구체적으로는, 시험 6, 4, 2, 1주 전 주말에 지금까지 배운 내용에 대해 자신을 평가할 수 있는 시험 문제를 준비하여 모의고사를 봅니다. 그리고 이 모의고사 직전, 각 시험에서 예상되는 점수를 적어봅니다. 또한, 실제 시험 직전 및 직후에도 예상 점수를 적습니다.

　예상 점수와 실제 점수 사이의 차이가 클수록, 그 과목에 대한 자신의 메타인지가 부족함을 반영합니다. 예상 점수보다 실제 점수가 높은 과목의 경우에는, 학습의 시간과 강도를 줄일 필요가 있습니다. 그리고 그 시간과 에너지를, 예상 점수보다 실제 점수가 낮은 과목으로 돌려야 합니다.

모의고사 및 시험 점수 예측의 구체적 모습

1. {시기}: 시험 6, 4, 2, 1주 전 주말(시험 직전과 직후에는 예상 점수 측정만)
2. {시간}: 각 모의고사별 30분가량
3. {목적}: 정기적으로 자신의 학습을 평가하는 기회를 갖는다. 더불어 예상 시험 점수를 기록하여 자신의 메타인지를 평가하는 기회도 만든다.
4. {실천 1}: 위에 언급된 네 번의 시점에서 그때까지 배운 내용들에 대한 문제를 담은 문제집을 풀어본다.
5. {실천 2}: 이때 틀린 문제들을, 자신이 세 번째 행(行)의 일환으로 만들어오던 예상 시험 문제지에 포함한다. (포스트잇에 그 틀린 문제를 옮겨 적거나, 문제집에서 틀린 문제들을 오려 붙인다.)
6. {실천 3}: 각 모의고사 직전에 예상 시험 점수를 기록한다. 더불어 실제 시험 직전과 직후에도 예상 점수를 기록한다.
7. {실천 4}: 시험 결과가 나오면 예상 점수와 실제 점수를 비교해 보며, 자신의 점수 예측 및 학습을 어떠한 방향으로 조정해야 할지 생각해 본다.
8. {실천 5}: 각 모의고사와 실제 시험이 끝난 후에는 어떤 문제를 틀렸는지 확인한 후 자신의 강의 노트를 훑어본다. 특히, 틀린 문제의 내용에 대해 자신이 어떻게 수업을 준비했고 가르쳐 왔는지를 확인한다. 이를 통해 자신이 준비한 수업 내용만으로는 왜 그 문제를 풀 수 없었는지 점검하고, 강의 노트를 보완한다.

행(行)의 장을 마치며

행(行)의 장에 소개된 많은 학습 일정을 일일이 따라 한다는 것은 처음에는 쉽지 않은 일입니다. 따라서 처음에는 자신이 원하는 딱 한 과목에 대해서만, 다음 장의 내용을 참고하여 실천을 해 보시기 바랍니다.

이 책의 마지막인 증(證)의 장에서는 여러분의 실천을 돕는 핵심 정보를 간략히 소개합니다.

제6장
증(證) – 깨달음

깨달음이란 사물의 전모를 보는 것이다.
앞만 보는 것이 아니라 뒤도 보고,
왼쪽만 보는 것이 아니라 오른쪽도 보는 것이 깨달음이다.
깨달은 이는 어떠한 상황에서도 낙심하지 않고
밝고 가벼운 마음으로 나아갈 수 있다.

-법륜 스님-

지금껏 책을 읽느라 수고하셨습니다.
이제 가벼운 마음으로 실천을 해 봅니다.
자신의 공부에 대한 깨달음을 얻으실 수 있을 것입니다.

앞으로 약 50일간(혹은 다음 중간고사나 기말고사를 치를 때까지) 이 책이 소개한 학습 시스템을 실천할 구체적 계획을 다이어리에 적고, 그 실천 과정에 대한 일지를 매일 간단히 작성해 보시기를 바랍니다. 특히, 자신이 원하는 딱 한 과목만을 골라 다음과 같은 계획을 세워 보는 것입니다.

1. 수업 전날 15분의 예습: 내일 풀 문제 골라 놓기, 훑어보기, 호기심 내기, 질문 적기
2. 수업 직전의 1분 예습(질문 훑어보기), 선생님께서 들어오실 때 '나도 저 선생님처럼 …에게 이 수업을 가르쳐야 해'하는 마음 내기, 선생님께서 중요하다고 생각하시는 것을 체크하며, 선생님의 설명을 잘 따라가기. 수업 후 5분간의 담아두기 및 놓친 내용 보완하기
3. 수업 당일 약 20분간, 마치 시험을 보듯 숙제나 미리 골라 둔(기출)문제 풀기. 이를 통해 오늘 배운 내용에 대한 평가 기준 파악하기
4. 수업 당일 약 20분간, 주요 학습 내용 각각에 대해, 쉬운 문제 하나 어려운 문제 하나씩을 예상 시험 문제로 만들어 두기
5. 주말에 1시간 반가량, 설명을 도울 자료를 조사하고 수업 내용을 나에게 말이 되는 형태로 정리한 강의 노트 만들기
6. 주말에 약 30분간, 실제 입 밖으로 소리를 내며 사람에게(혹은 인형에게라도) 수업하기
7. 시험 2~3주 전 친구들과 함께, 각자 만든 모의고사 시험지를 돌려가며 풀고 서로를 가르쳐주기. 그리고 어려운 내용만을 정리한 컨닝 페이퍼를 만들고, 그 내용을 유형화한 시험 대비 특강하기
8. 시험 6, 4, 2, 1주 전, 지금까지의 내용을 바탕으로 모의고사를 보

고 예상 시험 점수 적기(예상 시험 점수 적기는 시험 직전과 직후에도 하기)
9. 시험 후, 실제 점수와 예상 점수 간의 차이를 점검하고, 강의 노트도 보완하며, 자신의 공부 방향을 어떻게 수정해 나갈지에 대한 생각 해보기

이러한 계획을 실제로 실천하시다 보면, 잘 되는 것과 잘되지 않는 것이 있을 것입니다. 이에 대해 동그라미, 세모, 가위 정도로 자신의 공부를 매일 간단히 평가하고 개선해야 할 점을 메모하는 일지를 기록하시길 바랍니다. 그리고 딱 50일만 먼저 이러한 실천을 해 봅니다. 그 실천의 나날들 속에서 자신의 공부를 보다 효율적인 방향으로 수정해 나가는 것이 **자신의 학습에 대한 깨달음을 얻는 과정**이라 할 수 있습니다.

자신의 학습에 대한 깨달음은 실행 없이는 얻을 수 없습니다. 그러니 이 책이 제안하는 공부법을 따라 실행에 옮기는 것이 그 무엇보다도 중요합니다. 또다시 실천 앞에서 머뭇거려진다면, 내일 수업에 대한 15분 예습만 떠올리십시오. 바로 그것이 출발점입니다.

더불어 여러분의 실천을 도와드릴 앱도 개발해 두었습니다. 앱의 이름은 <My Learning Coach>입니다. 이 앱은 여러분이 인지-메타인지 학습 시스템을 따라 평소 소화해야 할 학습 스케쥴을 자동으로 생성해 주는 앱입니다. 각 시험에 대한 메타인지의 측정 기능도 갖추었으니 자신을 위한 학습 코치로서 꼭 활용해 보시기 바랍니다.

안드로이드를 위한 플레이 스토어와 애플의 앱스토어에서 <My Learning Coach>를 검색하시면 됩니다.

책을 마무리하며

 이 책을 읽으시는 분 중에 저의 공부 과정에 대해 궁금해하실 분들이 계실 것 같아, 그 이야기로 책을 마무리하겠습니다.
 초등학교 2학년 때, 저를 아껴주신 한 선생님께서 "경훈이는 공부를 조금만 잘하면 좋았을 것을"이라는 말씀을 하셨습니다. 그 당시의 성적표를 보아도 저는 공부와는 거리가 먼 아이였습니다. (부디 이 사실이 많은 분들께 희망을 안겨주길 바랍니다.)
 그러다 5~6학년쯤 '나도 공부를 잘하는 저 아이처럼 되고 싶다'라는 갈망이 생겼습니다. 공부도 잘하고, 얼굴도 잘생기고, 키도 크고, 웃음도 밝은 한 친구가 부러웠던 것입니다. 그런 갈망 덕분인지 성적도 조금 오르긴 했지만 그건 반짝하는 변화였을 뿐 저를 근본적으로 바꿔 놓지는 못했습니다. 왜냐하면 저는 애초부터 그런 모습을 타고난 아이가 되고 싶었는데, 그러한 신분 세탁(?)은 현실에서는 불가능했기 때문입니다. 그렇게 그런 아이가 되기에는 이미 늦었다고 생각하며, 평범과 저조 어디쯤의 성적으로 중학교까지의 생활을 마쳤습니다.
 그러다 제 삶을 크게 뒤바꿔 놓은 계기가 생겼습니다. 중학교 3학년 때 뒤늦게 전학을 한 탓에, 저만 그 지역 학교가 아닌 곳으로 고등학교 배정을 받은 것입니다. 즉, 아무도 저를 아는 사람이 없는 곳에서 고등학교 생활을 시작하게 되었습니다.

고등학교로 진학하기 전, 저는 중3 때 친구들을 따라 국어 한 과목만 학원에서 선행학습을 했습니다. 방학 한 달여 동안 고교 첫 한 학기의 국어 진도를 나가는 그런 수업이었습니다. 그리고 고등학교 생활이 시작될 즈음, 국어 수업 시간에 선생님께서 제가 미리 배워 알고 있는 무언가를 마침 물으셨고, 저는 용케 대답했습니다. 그날부터 반 친구들은 저를 '원래 공부를 잘하는 아이'로 여기는 것 같았습니다.

그리고 며칠이 지나, 담임 선생님께서 반장 후보를 뽑으셨습니다. 중학교에서 고등학교로 올라올 때 치른 시험 성적이 몇 점 이상이 되는 아이들만 후보로 나오라고 하셨습니다. 이때 저는 제 성적조차 제대로 알지 못하고 잘못 앞으로 나갔습니다. 나중에 선생님께서도 "경훈이는 후보가 아니었는데…"라고 말씀하셨습니다. 하지만 그날의 일을 계기로, 저는 '원래 공부를 잘하는 경훈이'가 되었습니다.

그때부터 저는 제가 늘 바라던 삶, '원래부터 공부를 잘하던 아이의 삶'을 살게 됩니다. 마치 드라마 <소년시대>의 약골 주인공이 일진 전학생으로 오인받은 것과 같은 상황이 벌어진 것입니다. 어쨌든 그 당시의 저는 제가 바라던 삶을 유지하기 위해 하는 공부가 참 즐거웠습니다. 부모님이 시키지 않아도 밥만 먹고 공부했고, 길을 걸으면서도 공부했습니다. '원래 공부 잘하는 아이' 놀이가 정말로 시작된 것입니다. 그러나 고등학교 때 뒤늦게 공부를 시작한 제가 효과적인 학습법을 알 리 없었습니다.

무식하게 단순 반복하고, 저보다 공부 잘하는 아이를 곁눈질하며 흉내만 내니, 제가 하는 공부는 곧 한계에 부딪혔습니다. 쏟는 시간보다 낮은 효과에 스스로 자책하고 절망하는 날들이 시작됐습니다. 당시 저는 '제발 누가 나한테 공부하는 법을 좀 가르쳐 줬으면…'하는 간절함이 컸습니다. 공부해도 자꾸 까먹는 것이, 아무래도 효율적인 공부와는 거리가 멀어 보였기 때문입니다. 그런 방법으로 계속 공부를 하다가는 이미 저보다 먼저 출발한 학생들을 영원히 따라잡지 못할 것만 같아 조바심이 가득했습니다.

그때 공부 효율을 높이고자 직관적으로 선택한 많은 방법 중에는 이 책에서 소개한 내용과 놀랍도록 일치하는 것들이 많았습니다. 가령, 시험 전날 7시간을 공부하는 대신, 시험 한 주 전부터 매일 한 시간을 공부한 것이었습니다. 이렇게 용케 선택했던 일부 과학적 방법들 덕분이었는지, 저는 고려대학교 심리학과에 입학금을 면제받으며 들어갈 수 있었습니다.

이 책은 과거의 저와 같은 학생들을 위한 책입니다. 이 책에 담긴 내용은 현직 인지심리학자가 되어 직접 가르치며 신뢰하게 된 학습 시스템일 뿐만 아니라, 수많은 인지 과학자들의 실험을 바탕으로 한 것입니다. 그러니, 부디 이 학습 시스템을 믿고, 그 원리를 되새기며, 꾸준히 실천해 보시기를 바랍니다. 분명, 공부에 대한 깨달음과 성적 향상의 기쁨을 얻으실 수 있을 것입니다.

부디 과거의 저처럼 걱정이나 자책, 자기 비하 없이, 가볍고 즐거운 마음으로 공부해 가시길 바랍니다. 이 책을 끝까지 읽어가며 좋은 학습 방법을 찾고 계신 여러분은 이미 현명한 사람입니다. 그런 여러분이 가장 과학적인 학습 시스템을 사용한다면, 방법 면에서는 나무랄 데가 없으니, 가벼운 마음으로 자신감 있게 공부해 가시기를 바랍니다.

2025년 3월
저자 **정경훈**

용어 색인

가르치기의 효과 188
간격 효과(스페이싱 이펙트) 52, cf. 55
감각 기억 92, cf. 94
감각 기억에 관한 실험 108
강의노트 만들기 79, cf.267
고등학교 데이터 77
공부하고 있는 느낌 114
그룹화 패턴 120
기억 장인들의 학습법 179
기억술 52
기억의 궁전 암기법 180
뉴런 92
단기 기억 13, cf. 95
대학교 데이터 73
동료 교수법 185
두 가지 형태의 방해 23
두 개의 학습법(연결 학습법&비연결 학습법) 112
로버트 마자노 130
마음의 작용 58
메타인지 9 cf. 60
메타인지 독서법 105
메타인지 학습법의 소개 63
바버라 오클리 105

배경지식 19
벤저민 블룸 144
블룸의 교육 목표 분류 135, cf. 144
비밀 코드 17
샌드라 맥과이어 80
생성효과(제너레이션 이펙트) 52
세 개의 기억 저장소 92
수업의 진행 과정 184
시험 효과(테스팅 이펙트) 52, cf. 54
신해행증 68
에빙하우스의 망각 곡선 169
예습의 정의 39
인간의 정신 작용 51
인지-메타인지 학습 시스템 9
인지발달 61
인지의 정의 51
인지적 정보 처리의 작업대 95
인지적 처리 과정 14
인지적 학습법의 한계 56
인출 훈련 56, cf. 81
인터리빙 이펙트 53, cf. 66
유지 되뇌기 155
작업 기억 96
정교화 되뇌기 155

장기 기억 13, cf. 96

정서의 중요성 15

존 플라벨 61

중학교 데이터 81

지온 24

창조 145, cf. 150

첫 번째 표준편차 이야기 36

초등학교 데이터 81

칼 뉴포트 69

큰 그림의 중요성 47, cf. 107

평가기준 확인 143

필터링 기능 100

학습 목표 145, cf. 203

학습 정보 조망의 중요성 201

학습의 정의 13

허만 에빙하우스 169

헨리 뢰디거 81

호기심의 중요성 133

호흡 명상법 102

확연한 이해와 기억 18

0.1%의 비밀 281

My Learning Coach 288

미주

1   Ruhl, K. L., Hughes, C. A., & Schloss, P. J. (1987). Using the pause procedure to enhance lecture recall. Teacher education and special education, 10(1), 14–18.

2   Bachhel, R., & Thaman, R. G. (2014). Effective use of pause procedure to enhance student engagement and learning. Journal of clinical and diagnostic research: JCDR, 8(8), 1–3.

3   Dudai, Y. (2004). The neurobiology of consolidations, or, how stable is the engram?. Annual Review of Psychology, 55(1), 51–86.

4   Desfiyenti, D., & Gafar, A. (2021). The effect of three minute pause strategy on students' reading comprehension. Jurnal Edukasi, 1(1), 46–51.

5   Read, K., Furay, E., & Zylstra, D. (2019). Using strategic pauses during shared reading with preschoolers: Time for prediction is better than time for reflection when learning new words. First Language, 39(5), 508–526.

6   Dunlosky, J., Rawson, K. A., Marsh, E. J., Nathan, M. J., & Willingham, D. T. (2013). Improving students' learning with effective learning techniques: Promising directions from cognitive and educational psychology. Psychological Science in the Public interest, 14(1), 4–58.

7   National Research Council (2000). How people learn: Brain, mind, experience, and school. Washington, D.C.: National Academy Press.

8   Bransford, J. D., & Johnson, M. K. (1972). Contextual prerequisites for understanding: Some investigations of comprehension and recall. Journal of Verbal Learning and Verbal Behavior, 11, 717–726.

9   Roediger, H. L., III, Putnam, A. L., & Smith, M. A. (2011). Ten benefits of testing and their applications to educational practice. Psychology of Learning and Motivation, 4, 1–36.

10   Delaney, P. F., Verkoeijen, P. P. J. L., & Spirgel, A. (2010). Spacing and the testing effects: A deeply critical, lengthy, and at times discursive review of the literature. Psychology of Learning and Motivation, 53, 63–147.

11   Slameka, N. J., & Graf, P. (1978). The generation effect: Delineation of a phenomenon. Journal of Experimental Psychology: Human Learning and

Memory, 4, 592–604.

12   Bower, G. H., & Winzenz, D. (1970). Comparison of associative learning strategies. Psychonomic Science, 20, 119–120.

13   Rohrer, D. (2012). Interleaving helps students distinguish among similar concepts. Educational Psychology Review, 24, 355–367.

14   Berry, D. C. (1983). Metacognitive experience and transfer of logical reasoning. Quarterly Journal of Experimental Psychology, 35A, 39–49.

15   Bower, G. H., Clark, M. C., Lesgold, A. M., & Winzenz, D. (1969). Hierarchical retrieval schemes in recall of categorized word lists. Journal of Verbal Learning and Verbal Behavior, 8, 323–343.

16   Bretzing, B. H., & Kullhavy, R. W. (1981). Notetaking and depth of processing. Contemporary Educational Psychology, 4, 145–153.

17   Pressley, M., McDaniel, M. A., Turnure, J. E., Wood, E., & Ahmad, M. (1987). Generation and precision of elaboration: Effects on intentional and incidental learning. Journal of Experimental Psychology: Learning, Memory, and Cognition, 13, 291–300.

18   Atkinson, R. C., & Raugh, M. R. (1975). An application of the mnemonic keyword method to the acquisition of a Russian vocabulary. Journal of Experimental Psychology: Human Learning and Memory, 104, 126–133.

19   원래 불가(佛家)에서 부처님의 깨달음에 이르는 과정을 설명하기 위해 사용되는 용어입니다. 즉, 부처님께서 말씀하신 바를 믿고(信), 그 뜻을 이해하며(解), 그에 따라 실천을 하면서(行), 깨달음에 이른다는 뜻입니다(證).

20   Jenkins, J. J., & Russell, W. A. (1952). Associated clustering during recall. Journal of Abnormal and Social Psychology, 47, 818–821.

21   Anderson, L. W., & Krathwohl, D. R. (2001). A taxonomy for learning, teaching, and assessing: A revision of Bloom's taxonomy of educational objectives: complete edition. Addison Wesley Longman, Inc.

22   Latimier, A., Riegert, A., Peyre, H., Ly, S. T., Casati, R., & Ramus, F. (2019). Does pre-testing promote better retention than post-testing?. NPJ science of learning, 4(1), 15.

23   Bargh, A. J., & Schul Y. (1980). On the cognitive benefits of teaching. Journal of Educational Psychology, 72(5), 593–604.

24 Fukaya, T. (2014). Effects of explanation expectancy on text comprehension: An experiment and a meta-analysis. Japanese Journal of Psychology, 85(3), 266–275.

25 Roscoe, R. D., & Chi, M. T. H. (2007). Understanding tutor learning: Knowledge-building and knowledge-telling in peer tutors' explanations and questions. Review of Educational Research, 77, 534–574.

26 Nestojko, J. F., Bui, D. C., Kornell, N., & Bjork, L. E. (2014). Expecting to teach enhances learning and organization of knowledge in free recall of text passages. Memory & Cognition, 42, 1038–1048.

27 Kobayashi, K. (2019). Learning by preparing-to-teach and teaching: A meta-analysis. Japanese Psychological Research, 61(3), 192–203.

28 Cook, S. B., Scruggs, T. E., Mastropieri, M. A., & Casto, G. C. (1985). Handicapped students as tutors. Journal of Special Education, 19, 483–492.

29 Clewett, D., Gasser, C., & Davachi, L. (2020). Pupil-linked arousal signals track the temporal organization of events in memory. Nature Communications, 11(1), 4007.

30 Nestojko, J. F., Bui, D. C., Kornell, N., & Bjork, L. E. (2014). Expecting to teach enhances learning and organization of knowledge in free recall of text passages. Memory & Cognition, 42, 1038–1048.

31 Prins, F. J., Veenman, M. V., & Elshout, J. J. (2006). The impact of intellectual ability and metacognition on learning: New support for the threshold of problematicity theory. Learning and instruction, 16(4), 374–387.

32 Ribosa, J., & Duran, D. (2022). Do students learn what they teach when generating teaching materials for others? A meta-analysis through the lens of learning by teaching. Educational Research Review, 37, 100475.

33 Szpunar, K. K., McDermott, K. B., & Roediger, H. L. (2007). Expectation of a final cumulative test enhances long-term retention. Memory & Cognition, 35(5), 1007–1013.

34 Lundeberg, M. A., & Fox P. W. (1991). Do laboratory findings on test expectancy generalize to classroom outcomes? Review of Educational Research, 61(1), 94–106.

35 Wang, Y., Lin, L., & Chen, O. (2021). The benefits of teaching on

comprehension, motivation, and perceived difficulty: Empirical evidence of teaching expectancy and the interactivity of teaching. British Journal of Educational Psychology, 91(4), 1275–1290.

36   Bransford, J. D., & Johnson, M. K. (1972). Contextual prerequisites for understanding: Some investigations of comprehension and recall. Journal of Verbal Learning and Verbal Behavior, 11, 717–726.

37   Vreman-de Olde, C., de Jong, T., & Gijlers, H. (2013). Learning by designing instruction in the context of simulation-based inquiry learning. Journal of Educational Technology & Society, 16(4), 47–58.

38   Teplitski, M., Irani, T., Krediet, C. J., Di Cesare, M., & Marvasi, M. (2018). Student-generated pre-exam questions is an effective tool for participatory learning: A case study from ecology of waterborne pathogens course. Journal of Food Science Education, 17(3), 76–84.

39   Geiger, M. A., Middleton, M. M., & Tahseen, M. (2021). Assessing the benefit of student self-generated multiple-choice questions on examination performance. Issues in Accounting Education, 36(2), 1–20.

40   Nairne, J. S. (2010). Adaptive memory: Evolutionary constraints on remembering. Psychology of Learning and Motivation, 53, 1–32.

41   Slameka, N. J., & Graf, P. (1978). The generation effect: Delineation of a phenomenon. Journal of Experimental Psychology: Human Learning and Memory, 4, 592–604.

42   Ribosa, J., & Duran, D. (2022). Do students learn what they teach when generating teaching materials for others? A meta-analysis through the lens of learning by teaching. Educational Research Review, 37, 100475.

43   Pressley, M., McDaniel, M., Turnure, J., Wood, E., & Ahmad, M. (1987). Generation and precision of elaboration: Effects on intentional and incidental learning. Journal of Experimental Psychology: Learning, Memory, and Cognition, 13(2), 291–3.

44   Ismail, H. N., & Alexander, J. M. (2005). Learning within scripted and nonscripted peer-tutoring sessions: The Malaysian context. The Journal of Educational Research, 99(2), 67–77.

45   Rogers, T. B., Kuiper, N. A., & Kirker, W. S. (1977). Self reference and the encoding of personal information. Journal of Personality and Social Psychology, 35, 677–688.

46   Kobayashi, K. (2019). Learning by preparing-to-teach and teaching: A meta-analysis. Japanese Psychological Research, 61(3), 192–203.

47   Annis, L. F. (1983). The processes and effects of peer tutoring. Human Learning: Journal of Practical Research & Applications, 2(1), 39–47.

48   Gregory, A., Walker, I., Mclaughlin, K., & Peets, A. D. (2011). Both preparing to teach and teaching positively impact learning outcomes for peer teachers. Medical teacher, 33(8), 417–422.

49   Ribosa, J., & Duran, D. (2022). Do students learn what they teach when generating teaching materials for others? A meta-analysis through the lens of learning by teaching. Educational Research Review, 37, 100475.

50   Durling, R., & Schick, C. (1976). Concept attainment by pairs and individuals as a function of vocalization. Journal of Educational Psychology, 68(1), 83–91.

51   Gobert, J. D., & Clement, J. J. (1999). Effects of student-generated diagrams versus student-generated summaries on conceptual understanding of causal and dynamic knowledge in plate tectonics. Journal of Research in Science Teaching: The Official Journal of the National Association for Research in Science Teaching, 36(1), 39–53.

52   Fiorella, L., & Kuhlmann, S. (2020). Creating drawings enhances learning by teaching. Journal of Educational Psychology, 112(4), 811–822.

53   Atkinson, R. K., Renkl, A., & Merrill, M. M. (2003). Transitioning from studying examples to solving problems: Effects of self-explanation prompts and fading worked-out steps. Journal of Educational Psychology, 95(4), 774–783.

54   Duit, R., Roth, W. M., Komorek, M., & Wilbers, J. (2001). Fostering conceptual change by analogies—between Scylla and Charybdis. Learning and Instruction, 11(4–5), 283–303.

55   Sadler, P. M., & Good, E. (2006). The impact of self-and peer-grading on student learning. Educational assessment, 11(1), 1–31.

56   Karaman, P. (2021). The impact of self-assessment on academic performance: A meta-analysis study. International Journal of Research in Education and Science, 7(4), 1151–1166.

57 Sadler, P. M., & Good, E. (2006). The impact of self- and peer-grading on student learning. Educational assessment, 11(1), 1–31.

58 Yan, Z., & Carless, D. (2022). Self–assessment is about more than self: the enabling role of feedback literacy. Assessment & Evaluation in Higher Education, 47(7), 1116–1128.

59 파워 포인트나 워드/한글 파일에서는 각 문장 앞에 가운뎃점을 넣어주고 enter를 눌러 다음 행으로 넘어가면 이 가운뎃점이 계속 유지됩니다. 만약 어떤 상위의 개념 밑에 하위 개념을 넣고 싶을 때에는 tab 키를 이용합니다. 그러면 가운뎃점을 포함하여 문장의 시작점이 오른쪽으로 들여 쓰기가 됩니다. 이렇게 들여쓰기가 된 상태에서 하위 개념의 내용을 적습니다. 이정도의 구분만 하며 우선 가르쳐야 할 수업 내용들을 정리해 둡니다.

비밀 코드에 대한 힌트

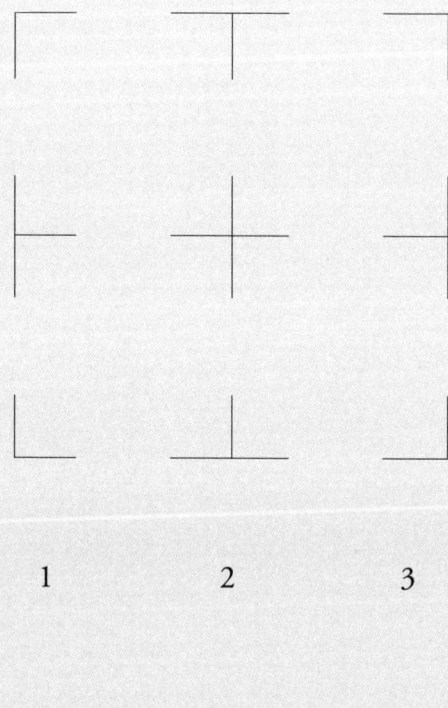

    1   2   3

    4   5   6

    7   8   9

JINSUNGBOOKS

진성북스
주요 도서목록

사람이 가진 무한한 잠재력을 키워가는 **진성북스**는
지혜로운 삶에 나침반이 되는 양서를 만듭니다.

도서목록

시험 성적을 넘어서, 평생을 위한 학습의 기술
백년 공부법
정경훈 지음
312쪽 | 값 20,000원

『백년 공부법』은 인지심리학자 정경훈 교수가 100년간 축적된 인지과학과 뇌과학 연구를 바탕으로 누구나 쉽게 이해하고 활용할 수 있는 학습법을 소개한 책이다. 복잡한 학문을 실용적 언어로 풀어낸 이 책은 단순한 공부법을 넘어 평생 지식 습득의 방향을 제시하는 안내서다. 책은 ① 누구나 적용 가능한 과학 기반 학습 원리, ② 평생 활용 가능한 전략, ③ 실제 교육 현장에서 검증된 방법을 담고 있다. 학습 효과를 높이기 위한 구체적인 방법이 체계적으로 정리되어 있어 학생, 학부모, 교사 모두에게 유익하다. 저자는 책의 내용을 실천할 수 있도록 'My Learning Coach' 앱도 함께 제공한다.

포스트 코로나 시대의 행복
적정한 삶
김경일 지음 | 360쪽 | 값 16,500원

우리의 삶은 앞으로 어떤 방향으로 나아가게 될까? 인지심리학자인 저자는 이번 팬데믹 사태를 접하면서 수없이 받아는 질문에 대한 답을 이번 저서를 통해 말하고 있다. 앞으로 인류는 '극대화된 삶'에서 '적정한 삶'으로 갈 것이라고, 낙관적인 예측이 아닌 엄숙한 선언이다. 행복의 척도가 바뀔 것이며 개인의 개성이 존중되는 시대가 온다. 타인이 이야기하는 'want'가 아니라 내가 진짜 좋아하는 'like'를 발견하며 만족감이 스마트해지는 사회가 다가온다. 인간의 수명은 길어졌고 적정한 만족감을 느끼지 못하는 인간은 결국 길 잃은 삶을 살게 될 것이라고 말이다.

프랑스 역사의 숨겨진 진실을 파헤치는 결정판
세상에서 가장 짧은 프랑스사
제러미 블랙 지음 | 이주영 옮김
472쪽 | 값 26,000원

프랑스의 풍부하고 복잡한 역사를 쉽고 재미있게 풀어낸 책이다. 프랑스의 동굴 벽화와 고딕 건축의 기원부터 시작해, 모네와 드가 같은 예술가들이 활동한 시대, 1789년 프랑스 혁명, 1968년의 학생 시위, 그리고 최근의 노란 조끼 운동까지 다양한 역사적 사건들을 다룬다. 블랙은 프랑스 역사 속에서 일어난 예기치 못한 사건들과 그로 인한 예기치 않은 결과들을 강조하며, 이를 군사적, 정치적, 문화적 변화와 연결해 설명한다. 또한 프랑스의 철학, 문학, 예술 등이 어떻게 발전했는지, 그 발전을 이끈 배경과 맥락을 잘 보여준다. 색깔 있는 삽화와 함께 프랑스의 역사와 문화를 쉽게 이해할 수 있도록 돕는 이 책은, 프랑스가 어떻게 오늘날의 모습이 되었는지를 알아가는 데 유익한 길잡이가 되어준다.

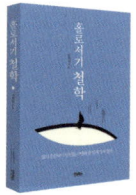

삶의 순간에서 당신을 지탱해 줄 열세 가지 철학
홀로서기 철학
양현길 지음 | 276쪽 | 17,000원

지금, 우리에게 필요한 홀로서기

삶의 고통에서 벗어나기 위해 앞서 고민했던 이들이 있다. 바로 '철학자'들이다. 그들은 더 나은 삶을 살아가기 위해 저마다의 고뇌를 안고 삶과 마주했다. 온전한 자기 자신이 되기 위하여, 나에게 주어진 삶의 의미를 찾기 위하여, 물 흘러가듯 편안하게 살아가는 삶을 위하여, 그리고 스스로 만들어 나가는 삶을 살기 위하여 고민해 왔다. 그렇게 열세 명의 철학자가 마주한 '홀로서기'의 비결을 이 책에 담았다.

사람을 움직이는 생각의 본능
마음오프너
최석규 지음 | 268쪽 | 17,000원

마음을 여는 7가지 생각의 본능!

30년 경력의 광고커뮤니케이션 디렉터인 저자는 게으름과 감정, 두 단어가 녹아든 생각의 본능을 크게 7가지 본능, 즉 '절약본능', '직관본능', '감정본능', '편안함추구본능', '일탈본능', '틀짓기본능', 그리고 '자기중심본능'으로 정리한다. 상대의 본능을 이해하고 그 감정에 거스르지 않을 때, 우리는 진정 상대의 마음을 열 수 있는 오프너를 쥘 수 있게 될 것이다.

모든 전쟁의 시작과 끝은 어떻게 가능한가
세상에서 가장 짧은 전쟁사
그윈 다이어 지음 | 김상조 옮김
312쪽 | 23,000원

'전쟁의 역사'를 통해 '전쟁의 끝'을 모색하다

전쟁의 기원, 아주 먼 조상이 자연스럽게 벌여온 전쟁의 시작부터 전투의 작동 방식, 냉병기의 발전을 통한 전투의 진화와 고전적인 전쟁을 거쳐 국지전과 대량 전쟁, 총력전과 핵전쟁에 이르기까지 전쟁의 역사를 모두 아우르는 도서. 한편 저자는 비록 인류의 탄생과 함께한 전쟁일지라도 인류가 얼마나 살인을 기피하는지를 가감 없이 소개한다.

● 퍼블리셔스 위클리, BBC 히스토리 매거진 추천 도서
● 매일경제 등 주요 언론사 추천

새로운 리더십을 위한 지혜의 심리학

이끌지 말고 따르게 하라

김경일 지음
328쪽 | 값 15,000원

이 책은 '훌륭한 리더', '존경받는 리더', '사랑받는 리더'가 되고 싶어하는 모든 사람들을 위한 책이다. 요즘 사회에서는 존경보다 질책을 더 많이 받는 리더들의 모습을 쉽게 볼 수 있다. 저자는 리더십의 원형이 되는 인지심리학을 바탕으로 바람직한 리더의 모습을 하나씩 밝혀준다. 현재 리더의 위치에 있는 사람뿐만 아니라, 앞으로 리더가 되기 위해 노력하고 있는 사람이라면 인지심리학의 새로운 접근에 공감하게 될 것이다. 존경받는 리더로서 조직을 성공시키고, 나아가 자신의 삶에서도 승리하기를 원하는 사람들에게 필독을 권한다.

- OtvN <어쩌다 어른> 특강 출연
- 예스24 리더십 분야 베스트 셀러
- 국립중앙도서관 사서 추천 도서

나의 경력을 빛나게 하는 인지심리학

커리어 하이어

아트 마크먼 지음 | 박상진 옮김 | 340쪽
값 17,000원

이 책은 세계 최초로 인지과학 연구 결과를 곳곳에 배치해 '취업-업무 성과-이직'으로 이어지는 경력 경로 전 과정을 새로운 시각에서 조명했다. 또한, 저자인 아트 마크먼 교수가 미국 텍사스 주립대의 '조직의 인재 육성(HDO)'이라는 석사학위 프로그램을 직접 개설하고 책임자까지 맡으면서 '경력 관리'에 대한 이론과 실무를 직접 익혔다. 따라서 탄탄한 이론과 직장에서 바로 적용할 수 있는 실용성까지 갖추고 있다. 특히 2부에서 소개하는 성공적인 직장생활의 4가지 방법들은 이 책의 백미라고 볼 수 있다.

나와 당신을 되돌아보는, 지혜의 심리학

어쩌면 우리가 거꾸로 해왔던 것들

김경일 지음 | 272쪽 | 값 15,000원

저자는 이 책에서 수십 년 동안 심리학을 공부해오면서 사람들로부터 가장 많은 공감을 받은 필자의 말과 글을 모아 엮었다. 수많은 독자와 청중들이 '아! 맞아. 내가 그랬었지'라며 지지했던 내용들이다. 다양한 사람들이 공감한 내용들의 방점은 이렇다. 안타깝게도 세상을 살아가는 우리 대부분은 '거꾸로'하고 있는지도 모른다. 이 책은 지금까지 일상에서 거꾸로 해온 것을 반대로, 즉 우리가 '거꾸로 해왔던 수많은 말과 행동들'을 조금이라도 제자리로 되돌아보려는 노력의 산물이다. 이런 지혜를 터득하고 심리학을 생활 속에서 실천하길 바란다.

진성 FOCUS 1

10만 독자가 선택한
국내 최고의 인지심리학 교양서

지혜의 심리학
10주년 기념판

김경일 지음
340쪽 | 값 18,500원

10주년 기념판으로 새롭게 만나는 '인지심리학의 지혜'!

생각에 관해서 인간은 여전히 이기적이고 이중적이다. 깊은 생각을 외면하면서도 자신의 생각과 인생에 있어서 근본적인 변화를 애타게 원하기 때문이다. 하지만 과연 몇이나 자기계발서를 읽고 자신의 생각에 근본적인 변화와 개선을 가질 수 있었을까? 불편하지만 진실은 '결코 없다'이다. 우리에게 필요한 것은 '어떻게' 그 이상, '왜'이다.

우리는 살아가면서 다양한 어려움에 봉착하게 된다. 이때 우리는 지금까지 살아오면서 쌓았던 다양한 How들만 가지고는 이해할 수도 해결할 수도 없는 어려움들에 자주 직면하게 된다. 따라서 이 How들을 이해하고 연결해 줄 수 있는 Why에 대한 대답을 지녀야만 한다. 『지혜의 심리학』은 바로 이 점을 우리에게 알려주어 왔다. 이 책은 '이런 이유가 있다'로 우리의 관심을 발전시켜 왔다. 그리고 그 이유들이 도대체 '왜' 그렇게 자리 잡고 있으며 왜 그렇게 고집스럽게 우리의 생각 깊은 곳에서 힘을 발휘하는지에 대하여 눈을 뜨게 해주었다.

그동안 『지혜의 심리학』은 국내 최고의 인지심리학자인 김경일 교수가 생각의 원리에 대해 직접 연구한 내용을 바탕으로 명쾌한 논리로 수많은 독자를 지혜로운 인지심리학의 세계로 안내해 왔다. 그리고 앞으로도, 새로운 독자들에게 참된 도전과 성취에 대한 자신감을 건네주기에 더할 나위 없는 지혜를 선사할 것이다.

- OtvN <어쩌다 어른> 특강 출연
- KBS 1TV <아침마당> 목요특강 '지혜의 심리학' 특강 출연
- 2014년 중국 수출 계약 / 포스코 CEO 추천 도서
- YTN사이언스 <과학, 책을 만나다> '지혜의 심리학' 특강 출연

성공적인 인수합병의 가이드라인
시너지 솔루션

마크 서로워, 제프리 웨이런스 지음 | 김동규 옮김
456쪽 | 값 25,000원

"왜 최고의 기업은 최악의 선택을 하는가?"

유력 경제 주간지 『비즈니스위크Businessweek』의 기사에 따르면 주요 인수합병 거래의 65%가 결국 인수기업의 주가가 무참히 무너지는 결과로 이어졌다. 그럼에도 M&A는 여전히 기업의 가치와 미래 경쟁력을 단기간 내에 끌어올릴 수 있는 매우 유용하며 쉽게 대체할 수 없는 성장 및 발전 수단이다. 그렇다면 수많은 시너지 함정과 실수를 넘어 성공적인 인수합병을 위해서는 과연 무엇이 필요할까? 그 모든 해답이 이 책, 『시너지 솔루션』에 담겨 있다.

UN 선정, 미래 경영의 17가지 과제
지속가능발전목표란 무엇인가?

딜로이트 컨설팅 엮음 | 배정희, 최동건 옮김
360쪽 | 값 17,500원

지속가능발전목표(SDGs)는 세계 193개국으로 구성된 UN에서 2030년까지 달성해야 할 사회과제 해결을 목표로 설정됐으며, 2015년 채택 후 순식간에 전 세계로 퍼졌다. SDG팩 큰 특징 중 하나는 공공, 사회, 개인(기업)의 세 부문에 걸쳐 널리 파급되고 있다는 점이다. 그러나 SDGs가 세계를 향해 던지는 근본적인 질문에 대해서는 사실 충분한 이해와 침투가 이뤄지지 않고 있다. SDGs는 단순한 외부 규범이 아니다. 단순한 자본시장의 요구도 아니다. 단지 신규사업이나 혁신의 한종류도 아니다. SDGs는 과거 수십 년에 걸쳐 글로벌 자본주의 속에서 면면이 구축되어온 현대 기업경영 모델의 근간을 뒤흔드는 변화(진화)에 대한 요구다. 이러한 경영 모델의 진화가 바로 이 책의 주요 테마다.

한국기업, 글로벌 최강 만들기 프로젝트 1
넥스트 이노베이션

김언수, 김봉선, 조준호 지음 | 396쪽
값 18,000원

넥스트 이노베이션은 혁신의 본질, 혁신의 유형, 각종 혁신의 사례들, 다양한 혁신을 일으키기 위한 약간의 방법론들, 혁신을 위한 조직 환경과 디자인, 혁신과 관련해 개인이 할 수 있는 것들, 향후의 혁신 방향 및 그와 관련된 정부의 정책의 역할까지 폭넓게 논의한다. 이 책을 통해 조직 내에서 혁신에 관한 공통의 언어를 생성하고, 새로운 혁신 프로젝트에 맞는 구체적인 도구와 프로세스를 활용하는 방법을 개발하기 바란다. 나아가 여러 혁신 성공 및 실패 사례를 통해 다양하고 창의적인 혁신 아이디어를 얻고 실행에 옮긴다면 분명 좋은 성과를 얻을 수 있으리라 믿는다.

하버드 경영대학원 마이클 포터의 성공전략 지침서
당신의 경쟁전략은 무엇인가?

조안 마그레타 지음 | 김언수, 김주권, 박상진 옮김
368쪽 | 값 22,000원

이 책은 방대하고 주요한 마이클 포터의 이론과 생각을 한 권으로 정리했다. <하버드 비즈니스리뷰> 편집장 출신인 조안 마그레타(Joan Magretta)는 마이클 포터와의 협력으로 포터교수의 아이디어를 업데이트하고, 이론을 증명하기 위해 생생하고 명확한 사례들을 알기 쉽게 설명한다. 전략경영과 경쟁전략의 핵심을 단기간에 마스터하기 위한 사람들의 필독서이다.

- 전략의 대가, 마이클 포터 이론의 결정판
- 아마존 전략분야 베스트 셀러
- 일반인과 대학생을 위한 전략경영 필독서

앞서 가는 사람들의 두뇌 습관
스마트 싱킹

아트 마크먼 지음 | 박상진 옮김
352쪽 | 값 17,000원

숨어 있던 창의성의 비밀을 밝힌다!

인간의 마음이 어떻게 작동하는지 설명하고, 스마트해지는데 필요한 완벽한 종류의 연습을 하도록 도와준다. 고품질 지식의 습득과 문제 해결을 위해 생각의 원리를 제시하는 인지 심리학의 결정판이다! 고등학생이든, 과학자든, 미래의 비즈니스 리더든, 또는 회사의 CEO든 스마트 싱킹을 하고자 하는 누구에게나 이 책은 유용하리라 생각한다.

- 조선일보 등 주요 15개 언론사의 추천
- KBS TV, CBS방영 및 추천

경쟁을 초월하여 영원한 승자로 가는 지름길
탁월한 전략이 미래를 창조한다

리치 호워드 지음 | 박상진 옮김
300쪽 | 값 17,000원

이 책은 혁신과 영감을 통해 자신들의 경험과 지식을 탁월한 전략으로 바꾸려는 리더들에게 실질적인 프레임워크를 제공해준다. 저자는 탁월한 전략을 위해서는 새로운 통찰을 결합하고 독자적인 경쟁 전략을 세우고 헌신을 이끌어내는 것이 중요하다고 강조한다. 나아가 연구 내용과 실제 사례, 사고 모델, 핵심 개념에 대한 명쾌한 설명을 통해 탁월한 전략가가 되는데 필요한 핵심 스킬을 만드는 과정을 제시해준다.

- 조선비즈, 매경이코노미 추천도서
- 저자 전략분야 뉴욕타임즈 베스트 셀러

시그널
기후의 역사와 인류의 생존

벤저민 리버만, 엘리자베스 고든 지음
은종환 옮김 | 440쪽 | 값 18,500원

이 책은 인류의 역사를 기후변화의 관점에서 풀어내고 있다. 인류의 발전과 기후의 상호작용을 흥미 있게 조명한다. 인류 문화의 탄생부터 현재에 이르기까지 역사의 중요한 지점을 기후의 망원경으로 관찰하고 해석한다. 당시의 기후조건이 필연적으로 만들어낸 여러 사회적인 변화를 파악한다. 결코 간단하지 않으면서도 흥미진진한, 그리고 현대인들이 심각하게 다뤄야 할 이 주제에 대해 탐구를 시작하고자 하는 독자에게 이 책이 좋은 길잡이가 되리라 기대해본다.

세일즈 마스터
회사를 살리는 영업 AtoZ

이장석 지음 | 396쪽 | 값 17,500원

영업은 모든 비즈니스의 꽃이다. 오늘날 경영학의 눈부신 발전과 성과에도 불구하고, 영업관리는 여전히 비과학적인 분야로 남아있다. 영업이 한 개인의 개인기나 합법과 불법을 넘나드는 묘기의 수준에 남겨두는 한, 기업의 지속적 발전은 한계에 부딪히기 마련이다. 이제 편법이 아닌 정석에 관심을 쏟을 때다. 본질을 망각한 채 결과에 올인하는 영업직원과 눈앞의 성과만으로 모든 것을 평가하려는 기형적인 조직문화는 사라져야 한다. 이 책은 영업의 획기적인 리엔지니어링을 위한 AtoZ를 제시한다. 디지털과 인공지능 시대에 더 인정받는 영업직원과 리더를 위한 필살기다.

신제품 개발 바이블
대담한 혁신상품은 어떻게 만들어지는가?

로버트 쿠퍼 지음 | 류강석, 박상진, 신동영 옮김
648쪽 | 값 28,000원

오늘날 비즈니스 환경에서 진정한 혁신과 신제품개발은 중요한 도전과제이다. 하지만 대부분의 기업들에게 야심적인 혁신은 보이지 않는다. 이 책의 저자는 제품혁신의 핵심성공 요인이자 세계최고의 제품개발 프로세스인 스테이지-게이트(Stage-Gate)에 대해 강조한다. 아울러 올바른 프로젝트 선택 방법과 스테이지-게이트 프로세스를 활용한 신제품개발 성공방법에 대해서도 밝히고 있다. 신제품은 기업번영의 핵심이다. 이러한 방법을 배우고 기업의 실적과 시장 점유율을 높이는 대담한 혁신을 성취하는 것은 담당자, 관리자, 경영자의 마지노선이다.

진성 FOCUS 2

**비즈니스 성공의 불변법칙
경영의 멘탈모델을 배운다!**

퍼스널 MBA
10주년 기념 증보판

조시 카우프만 지음
박상진, 이상호 옮김
832쪽 | 값 35,000원

"MASTER THE ART OF BUSINESS"

지속가능한 성공적인 사업은 경영의 어느 한 부분의 탁월성만으로는 불충분하다. 이는 가치창조, 마케팅, 영업, 유통, 재무회계, 인간의 이해, 인적자원 관리, 전략을 포함한 경영관리 시스템 등 모든 부분의 지식과 경험 그리고 통찰력이 갖추어질 때 가능한 일이다. 그렇다고 그 방대한 경영학을 모두 섭렵할 필요는 없다고 이 책의 저자는 강조한다. 단지 각각의 경영원리를 구성하고 있는 멘탈 모델(Mental Model)을 제대로 익힘으로써 가능하다.
세계 최고의 부자인 빌게이츠, 워런버핏과 그의 동업자 찰리 멍거를 비롯한 많은 기업가들이 이 멘탈 모델을 통해서 비즈니스를 시작하고 또 큰 성공을 거두었다. 이 책에서 제시하는 경영의 핵심개념을 통해 독자들은 경영의 멘탈 모델을 습득하게 된다.
필자는 지난 5년간 수천 권이 넘는 경영 서적을 읽고 수백 명의 경영 전문가들을 인터뷰하고, 포춘지 선정 세계 500대 기업에서 일을 했으며, 사업도 시작했다. 그 과정에서 배우고 경험한 지식들을 모으고 정제하여 몇 가지 개념으로 정리했다. 이들 경영의 기본 원리를 이해한다면, 현명한 의사결정을 내리는 데 유익하고 신뢰할 수 있는 도구를 얻게 된다. 이러한 개념들의 학습에 시간과 노력을 투자해 마침내 그 지식을 활용할 수 있게 된다면, 독자는 어렵지 않게 전 세계 인구의 상위 1%에 드는 탁월한 사람이 될 것이다.

- 아마존 경영 & 리더십 트레이닝 분야 1위
- 미국, 일본, 중국 베스트셀러
- 전 세계 100만 부 이상 판매

언어를 넘어 문화와 예술을 관통하는 수사학의 힘
현대 수사학

요아힘 크나페 지음
김종영, 홍설영 옮김 | 480쪽 | 값 25,000원

이 책의 목표는 인문학, 문화, 예술, 미디어 등 여러 분야에 수사학을 접목시킬 현대 수사학이론을 개발하는 것이다. 수사학은 본래 언어적 형 태의 소통을 연구하는 학문이라서 문자의 개발도 이 점에 주력하 였다. 그 결과 언어적 소통의 관점에서 수사학의 역사를 개관하고 정치 수사학을 다루는 서적은 꽤 많지만, 수사학 이론을 현대적인 관점에서 새롭고 포괄적으로 다룬 연구는 눈에 띄지 않는다. 이 책은 수사학이 단 순히 언어적 행동에만 국한하지 않고, '소통이 있는 모든 곳에 수사학도 있다'는 가정에서 출발한다. 이를 토대로 크나페 교수는 현대 수사학 이 론을 체계적으로 개발하고, 문학, 음악, 이미지, 영화 등 실용적인 영역 에서 수사학적 분석이 어떻게 가능한지를 총체적으로 보여준다.

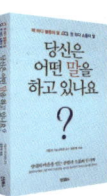

백 마디 불통의 말, 한 마디 소통의 말
당신은 어떤 말을 하고 있나요?

김종영 지음
248쪽 | 값 13,500원

리더십의 핵심은 소통능력이다. 소통을 체계적으로 연구하는 학문이 바로 수사학이다. 이 책은 우선 사람을 움직이는 힘, 수사학을 집중 조명한다. 그리고 소통의 능력을 필요로 하는 우리 사회의 리더들에게 꼭 필요한 수사적 리더십의 원리를 제공한다. 더 나아가서 수사학의 원리를 실제 생활에 어떻게 적용할 수 있는지 알기 쉽게 드세는 생각만 말하기와 아름다운 소통을 체험할 것이다.

- SK텔레콤 사보 <Inside M> 인터뷰
- MBC 라디오 <라디오 북 클럽> 출연
- 매일 경제, 이코노믹리뷰, 경향신문 소개
- 대통령 취임 2주년 기념식 특별연설

세계 초일류 기업이 벤치마킹한
성공전략 5단계
승리의 경영전략

AG 래플리, 로저마틴 지음
김주리, 박광태, 박상진 옮김
352쪽 | 값 18,500원

전략경영의 살아있는 매뉴얼

가장 유명한 경영 사상가 두 사람이 전략이란 무엇을 위한 것이고, 어떻게 생각해야 하며, 왜 필요하고, 어떻게 실천해야 할지 구체적으로 설명한다. 이들은 100년 동안 세계 기업회생역사에서 가장 성공적이라고 평가받고 있을 뿐 아니라, 직접 성취한 P&G의 사례를 들어 전략의 핵심을 강조하고 있다.

- 경영대가 50인(Thinkers 50)이 선정한 2014 최고의 책
- 탁월한 경영자와 최고의 경영 사상가의 역작
- 월스트리트 저널 베스트 셀러

언제까지 질병으로 고통받을 것인가?
난치병 치유의 길

앤서니 윌리엄 지음 | 박용준 옮김
468쪽 | 값 22,000원

이 책은 현대의학으로는 치료가 불가능한 질병으로 고통 받는 수많은 사람들에게 새로운 치료법을 소개한다. 저자는 사람들이 무엇으로 고통 받고, 어떻게 그들의 건강을 관리할 수 있는지에 대한 영성의 목소리를 들었다. 현대 의학으로는 설명할 수 없는 질병이나 몸의 비정상적인 상태의 근본 원인을 밝혀주고 있다. 당신이 원인불명의 증상으로 고생하고 있다면 이 책은 필요한 해답을 제공해 줄 것이다.

- 아마존 건강분야 베스트 셀러 1위

정신과 의사가 알려주는 감정 컨트롤술
마음을 치유하는 7가지 비결

가바사와 시온 지음 | 송소정 옮김 | 268쪽
값 15,000원

일본의 저명한 정신과 의사이자 베스트셀러 작가, 유튜브 채널 구독자 35만 명을 거느린 유명 유튜버이기도 한 가바사와 시온이 소개하는, 환자와 가족, 간병인을 위한 '병을 낫게 하는 감정 처방전'이다. 이 책에서 저자는 정신의학, 심리학, 뇌과학 등 여러 의학 분야를 망라하여 긍정적인 감정에는 치유의 힘이 있음을 설득력 있게 제시한다.

유능한 리더는 직원의 회복력부터 관리한다
스트레스 받지 않는 사람은 무엇이 다른가

데릭 로저, 닉 페트리 지음
김주리 옮김 | 308쪽 | 값 15,000원

이 책은 흔한 스트레스 관리에 관한 책이 아니다. 휴식을 취하는 방법에 관한 책도 아니다. 인생의 급류에 휩쓸리지 않고 어려움을 헤쳐 나갈 수 있는 능력인 회복력을 강화하여 삶을 주체적으로 사는 법에 관한 명저다. 엄청난 무게의 힘든 상황에서도 감정적 반응을 재설계하도록 하고, 스트레스 증가 외에는 아무런 도움이 되지 않는 자기 패배적 사고 방식을 깨는 방법을 제시한다. 깨어난 순간부터 자신의 태도를 재조정하는 데 도움이 되는 사례별 연구와 극복 기술을 소개한다.

젊음을 오래 유지하는 자율신경건강법
안티에이징 시크릿

정이안 지음
264쪽 | 값 15,800원

자율신경을 지키면 노화를 늦출 수 있다!

25년 넘게 5만 명이 넘는 환자를 진료해 온 정이안 원장이 제안하는, 노화를 늦추고 건강하게 사는 자율신경건강법이 담긴 책. 남녀를 불문하고 체내에 호르몬이 줄어들기 시작하는 35세부터 노화가 시작된다. 저자는 식습관과 생활 습관, 치료법 등 자율신경의 균형을 유지하는 다양한 한의학적 지식을 제공함으로써, 언제라도 '몸속 건강'을 지키며 젊게 살 수 있는 비결을 알려준다.

인문학과 과학으로 떠나는 인체 탐구 여행
신비한 심장의 역사

빈센트 M. 피게레도 지음 | 최경은 옮김
364쪽 | 22,000원

심장 전문의가 펼쳐낸 경이로운 심장의 연대기!

심장에 얽힌 고대의 제의는 물론 실제로는 심장이 감정을 수용할 수 있다는 '심장-뇌 연결Heart-brain Connection' 연구에 이르기까지 수만 년에 걸친 심장의 문학적, 역사적, 의학적 이야기를 한 권에 담았다. 우리는 이 책을 통해 태양의 신 샤마시에게 공물로 바쳐졌던 제의는 물론, 잘 훈련된 운동선수의 심박출량이나 450kg에 달하는 대왕고래의 심장 무게, 그리고 손상된 심장을 복원하는 줄기세포 시술이나 3D 프린팅 기술까지 심장에 관한 모든 역사를 마주하게 될 것이다.

고혈압, 당뇨, 고지혈증, 골관절염...
큰 병을 차단하는 의사의 특별한 건강관리법
몸의 경고

박제선 지음 | 336쪽 | 값 16,000원

현대의학은 이제 수명 연장을 넘어, 삶의 질도 함께 고려하는 상황으로 바뀌고 있다. 삶의 '길이'는 현대의료시스템에서 잘 챙겨주지만, '삶의 질'까지 보장받기에는 아직 갈 길이 멀다. 삶의 질을 높이려면 개인이 스스로 해야할 일이 있다. 진료현장의 의사가 개인의 세세한 건강을 모두 신경 쓰기에는 역부족이다. 이 책은 아파서 병원을 찾기 전에 스스로 '예방할 수 있는 영양요법과 식이요법에 초점을 맞추고 있다. 병원에 가기 두렵거나 귀찮은 사람, 이미 질환을 앓고 있지만 심각성을 깨닫지 못하는 사람들에게 가정의학과 전문의가 질병 예방 길잡이를 제공하는 좋은 책이다.

진성 FOCUS 3

"질병의 근본 원인을 밝히고
남다른 예방법을 제시한다"

의사들의 120세
건강비결은 따로 있다

마이클 그레거 지음
홍영준, 강태진 옮김
❶ 질병원인 치유편 값 22,000원 | 564쪽
❷ 질병예방 음식편 값 15,000원 | 340쪽

우리가 미처 몰랐던 질병의 원인과 해법
질병의 근본 원인을 밝히고
남다른 예방법을 제시한다

건강을 잃으면 모든 것을 잃는다. 의료 과학의 발달로 조만간 120세 시대도 멀지 않았다. 하지만 우리의 미래는 '얼마나 오래 살 것인가?'보다는 '얼마나 건강하게 오래 살 것인가?'를 고민해야하는 시점이다. 이 책은 질병과 관련된 주요 사망 원인에 대한 과학적 인과관계를 밝히고, 생명에 치명적인 병을 예방하고 건강을 회복시킬 수 있는 방법을 명쾌하게 제시하고 있다. 수천 편의 연구결과에서 얻은 적절한 영양학적 식이요법을 통하여 건강을 획기적으로 증진시킬 수 있는 과학적 증거를 밝히고 있다. 15가지 주요 조기 사망 원인들(심장병, 암, 당뇨병, 고혈압, 뇌질환 등등)은 매년 미국에서만 1백 6십만 명의 생명을 앗아간다. 이는 우리나라에서도 주요 사망원인이다. 이러한 비극의 상황에 동참할 필요는 없다. 강력한 과학적 증거가 뒷받침된 그레거 박사의 조언으로 치명적 질병의 원인을 정확히 파악하라. 그리고 장기간 효과적인 음식으로 위험인자를 적절히 예방하라. 그러면 비록 유전적인 단명요인이 있다 해도 이를 극복하고 장기간 건강한 삶을 영위할 수 있다. 이제 인간의 생명은 운명이 아니라, 우리의 선택에 달려있다. 기존의 건강서와는 차원이 다른 이 책을 통해서 '더 건강하게, 더 오래 사는' 무병장수의 시대를 활짝 열고, 행복한 미래의 길로 나아갈 수 있을 것이다.

● 아마존 의료건강분야 1위
● 출간 전 8개국 판권계약

진성 FOCUS 4

"이 검사를 꼭 받아야 합니까?"
과잉 진단

길버트 웰치 지음 | 홍영준 옮김
391쪽 | 값 17,000원

병원에 가기 전 꼭 알아야 할 의학 지식!

과잉진단이라는 말은 아무도 원하지 않는다. 이는 걱정과 과잉진료의 전조일 뿐 개인에게 아무 혜택도 없다. 하버드대 출신 의사인 저자는, 의사들의 진단욕심에 비롯된 과잉진단의 문제점과 과잉진단의 합리적인 이유를 함께 제시함으로써 질병예방의 올바른 패러다임을 전해준다.

- 한국출판문화산업 진흥원 『이달의 책』 선정도서
- 조선일보, 중앙일보, 동아일보 등 주요 언론사 추천

인생의 고수가 되기 위한 진짜 공부의 힘
김병완의 공부혁명

김병완 지음
236쪽 | 값 13,800원

공부는 20대에게 세상을 살아갈 수 있는 힘과 자신감 그리고 내공을 길러준다. 그래서 20대 때 공부에 미쳐 본 경험이 있는 사람과 그렇지 못한 사람은 알게 모르게 평생 큰 차이가 난다. 진짜 청춘은 공부하는 청춘이다. 공부를 하지 않고 어떻게 100세 시대를 살아가고자 하는가? 공부는 인생의 예의이자 특권이다. 20대 공부는 자신의 내면을 발견할 수 있게 해주고, 그로 인해 진짜 인생을 살아갈 수 있게 해준다. 이 책에서 말하는 20대 청춘이란 생물학적인 나이만을 의미하지는 않는다. 60대라도 진짜 공부를 하고 있다면 여전히 20대 청춘이고 이들에게는 미래에 대한 확신과 풍요의 정신이 넘칠 것이다.

감동으로 가득한 스포츠 영웅의 휴먼 스토리
오픈

안드레 애거시 지음 | 김현정 옮김
614쪽 | 값 19,500원

시대의 이단아가 던지는 격정적 삶의 고백!

남자 선수로는 유일하게 골든 슬램을 달성한 안드레 애거시. 테니스 인생의 정상에 오르기까지와 파란만장한 삶의 여정이 서정적 언어로 독자의 마음을 자극한다. 최고의 스타 선수는 무엇으로, 어떻게, 그 자리에 오를 수 있었을까? 또 행복하지만 은 않았던 그의 테니스 인생 성장기를 통해 우리는 무엇을 배 울 수 있을까. 안드레 애거시의 가치관과 생각을 읽을 수 있다.

독일의 DNA를 밝히는 단 하나의 책!
세상에서 가장 짧은 독일사

제임스 호즈 지음
박상진 옮김
428쪽 | 값 23,000원

**냉철한 역사가의 시선으로 그려낸
'진짜 독일의 역사'를 만나다!**

독일을 수식하는 말은 다양하다. 세계적인 경제 대국으로 삶의 질이 세계 최고 수준인 나라, 철학과 문학, 그리고 음악의 나라, 군국주의와 세계대전, 과학, 기술과 의학을 발전시킨 곳, 인구 대비 도서 출판 세계 1위, 게다가 찬연한 고성의 아름다운 풍경까지…. 세계사에서 유래가 없을 정도로 긍정적이고 또 부정적인 성격이 대비되는, 그 역사의 DNA가 궁금해지는 국가가 바로 독일이다.

『세상에서 가장 짧은 독일사』는, 야만과 이성, 민주주의와 군국주의, 공존과 배제, 절제와 탐욕까지, 상반된 개념들이 뒤섞인 독일사의 본질을 냉철하게 파헤치고 있다. 고대 유럽을 지배했던 로마제국을 파괴하는 데 일조하면서, 한편으로 그들이 빛나는 그리스, 로마의 지적 유산의 복원에 어떻게 기여했는지 짚어준다. 나아가 종교개혁, 프랑스와의 대결, 세계대전, 분단과 통일까지 많은 역사적 주요 이정표를 면밀하게 검증하고 가차 없이 역사가로서의 메스를 가한다.

한국어판에는 책에서 언급되는 주요 인물이나 사건에 대하여 역사적 의미를 되새기고자 상세한 설명을 붙인 「역사 속의 역사」란을 추가하였다. 또한 독일의 유네스코 세계 문화유산과 7대 가도, 여행 추천 도시 등을 담은 「독일 여행자를 위한 핵심 가이드」를 부록으로 서비스했다. 독일을 여행하는 사람이라면 누구나 필히 참조할 수 있는 귀중한 정보를 모아놓았다.

- 영국 선데이 타임즈 논픽션 베스트셀러
- 세계 20개 언어로 번역

누구를 위한 박물관인가?
박물관의 그림자

애덤 쿠퍼 지음 | 김상조 옮김
556쪽 | 값 23,000원

문명과 야만이 공존하는 박물관의 탄생과 발전, 그리고 미래

문명과 야만의 역사와 함께한 박물관의 탄생과 발전을 다루는 도서. 이 책은 그들이 어떻게 타인의 유물을 기반으로 성장해 왔는지, 그리고 어떻게 위기에 봉착하게 되었는지를 가감 없이 드러낸다. 때로는 피해자의 시선으로, 때로는 인류학자의 시선으로 균형감을 유지한 이 책은 독자 여러분에게 여러 논쟁 속에서 실존하는 박물관의 미래를 함께 고민하며 약탈 혹은 환수의 이분법에서 벗어난 제3의 대안을 제시할 것이다.

- 네이처 북 리뷰 추천 도서
- 조선일보, 매일경제 등 주요 언론사 추천

면접관의 모든 것을 한 권으로 마스터하다!
면접관 마스터

권혁근·김경일·김기호·신길자 지음
300쪽 | 18,000원

면접관의 철학과 직업관, 심리, 그리고 미래관

『면접관 마스터』는 네 면접관이 직접 저술한 지녀야 할 정의, 직업관, 심리, 그리고 그 시작을 하나로 모았다. 또한 이 책은 부록으로 111인의 면접관에게 물은 전문면접관의 인식, 갖추어야 할 역량, 조직이 가장 선호하는 인재상과 함께 전문면접관으로서 품고 있는 생각들을 정리해 담아보았다.

새로운 시대는 逆(역)으로 시작하라!
콘트래리언

이신영 지음
408쪽 | 값 17,000원

위기극복의 핵심은 역발상에서 나온다!

세계적 거장들의 삶과 경영을 구체적이고 내밀하게 들여다본 저자는 그들의 성공핵심은 많은 사람들이 옳다고 추구하는 흐름에 '거꾸로' 갔다는 데 있음을 발견했다. 모두가 실패를 두려워할 때 도전할 줄 알았고, 모두가 아니라고 말하는 아이디어를 성공적인 아이디어로 발전시켰으며 최근 15년간 3대 악재라 불린 위기 속에서 기회를 찾고 성공을 거두었다.

- 한국출판문화산업 진흥원 '이달의 책' 선정도서
- KBS 1 라디오 <오한진 이정민의 황금사과> 방송

진성 FOCUS 5

하버드 경영 대학원 마이클 포터의
성공전략 지침서

당신의 경쟁전략은 무엇인가?

조안 마그레타 지음
김언수, 김주권, 박상진 옮김
368쪽 | 값 22,000원

마이클 포터(Michael E. Porter)는 전략경영 분야의 세계최고 권위자다. 개별 기업, 산업구조, 국가를 아우르는 연구를 전개해 지금까지 17권의 저서와 125편 이상의 논문을 발표했다. 저서 중 『경쟁전략(Competitive Strategy)』(1980), 『경쟁우위(Competitive Advantage)』(1985), 『국가경쟁우위(The Competitive Advantage of Nations)』(1990) 3부작은 '경영전략의 바이블이자 마스터피스'로 공인받고 있다. 경쟁우위, 산업구조 분석, 5가지 경쟁요인, 본원적 전략, 차별화, 전략적 포지셔닝, 가치사슬, 국가경쟁력 등의 화두는 전략 분야를 넘어 경영학 전반에 새로운 지평을 열었고, 사실상 세계 모든 경영 대학원에서 핵심적인 교과목으로 다루고 있다. 이 책은 방대하고 주요한 마이클 포터의 이론과 생각을 한 권으로 정리했다. <하버드 비즈니스리뷰> 편집장 출신인 저자는 폭넓은 경험을 바탕으로 포터 교수의 강력한 통찰력을 경영일선에 효과적으로 적용할 수 있도록 설명한다. 즉, "경쟁은 최고가 아닌 유일무이한 존재가 되고자 하는 것이고, 경쟁자들 간의 싸움이 아니라, 자사의 장기적 투하자본이익률(ROIC)을 높이는 것이다." 등 일반인들이 잘못 이해하고 있는 포터의 이론들을 명백히 한다. 전략경영과 경쟁전략의 핵심을 단기간에 마스터하여 전략의 전문가로 발돋음 하고자 하는 대학생은 물론 전략에 관심이 있는 MBA과정의 학생들을 위한 필독서이다. 나아가 미래의 사업을 주도하여 지속적 성공을 꿈꾸는 기업의 관리자에게는 승리에 대한 영감을 제공해 줄 것이다.

- 전략의 대가, 마이클 포터 이론의 결정판
- 아마존전략 분야 베스트 셀러
- 일반인과 대학생을 위한 전략경영 필독서

사단법인 건강인문학포럼

1. 취지

세상이 빠르게 변화하고 있습니다. 눈부신 기술의 진보 특히, 인공지능, 빅데이터, 메타버스 그리고 유전의학과 정밀의료의 발전은 인류를 지금까지 없었던 새로운 세상으로 안내하고 있습니다. 앞으로 산업과 직업, 하는 일과 건강관리의 변혁은 피할 수 없는 상황으로 다가오고 있습니다.

이러한 변화에 따라 〈사단법인〉 건강인문학포럼은 '건강은 건강할 때 지키자'라는 취지에서 신체적 건강, 정신적 건강, 사회적 건강이 조화를 이루는 "건강한 삶"을 찾는데 의의를 두고 있습니다. 100세 시대를 넘어서서 인간의 한계수명이 120세로 늘어난 지금, 급격한 고령인구의 증가는 저출산과 연관되어 국가 의료재정에 큰 부담이 되리라 예측됩니다. 따라서 개인 각자가 자신의 건강을 지키는 것 자체가 사회와 국가에 커다란 기여를 하는 시대가 다가오고 있습니다.

누구나 겪게 마련인 '제 2의 삶'을 주체적으로 살며, 건강한 삶의 지혜를 함께 모색하기 위해 사단법인 건강인문학포럼은 2018년 1월 정식으로 출범했습니다. 우리의 목표는 분명합니다. 스스로 자신의 건강을 지키면서 능동적인 사회활동의 기간을 충분히 연장하여 행복한 삶을 실현하는 것입니다. 전문가로부터 최신 의학의 과학적 내용을 배우고, 5년 동안 불멸의 동서양 고전 100권을 함께 읽으며 '건강한 마음'을 위한 인문학적 소양을 넓혀 삶의 의미를 찾아볼 것입니다. 의학과 인문학 그리고 경영학의 조화를 통해 건강한 인간으로 사회에 선한 영향력을 발휘하고, 각자가 주체적인 삶을 살기 위한 지혜를 모색해가고자 합니다. 건강과 인문학을 위한 실천의 장에 여러분을 초대합니다.

2. 비전, 목적, 방법

| 비 전

장수시대에 "건강한 삶"을 위해 신체적, 정신적, 사회적 건강을 돌보고, 함께 잘 사는 행복한 사회를 만드는 데 필요한 덕목을 솔선수범하면서 존재의 의미를 찾는다.

| 목 적

우리는 5년간 100권의 불멸의 고전을 읽고 자신의 삶을 반추하며, 중년 이후의 미래를 새롭게 설계해 보는 "자기인생론"을 각자 책으로 발간하여 유산으로 남긴다.

| 방 법

매월 2회 모임에서 인문학 책 읽기와 토론 그리고 특강에 참여한다. 아울러서 의학 전문가의 강의를 통해서 질병예방과 과학적인 건강 관리 지식을 얻고 실천해 간다.

3. 2025년 프로그램 일정표

- 프로그램 및 일정 -

월	선정도서	인문학, 의학, 경영학 특강	일정
1월	철학의 쓸모 / 로랑스드빌레르	김광식 교수(인문학) 한승연 교수(의학)	1/8, 1/22
2월	빌헬름텔 / 프리드리히 실러	김종영 교수(인문학) 신세돈 대표(경제학)	2/12, 2/26
3월	다산선생 지식경영법 / 정민	노화	3/12, 3/26
4월	질병 해방 / 피터 아티아, 빌 기퍼드	심장병	4/14, 4/28
5월	관계의 미술사 / 서배스천 스미	폐병	5/14, 5/28
6월	파리의 노트르담 1, 2 / 빅토르 위고	위암	6/11, 6/25
7월	한국인의 탄생 / 홍대선	감염	7/9, 7/23
8월	페스트의 밤 / 오르한 파묵	당뇨병	8/13, 8/27
9월	동방견문록 / 마르코 폴로	고혈압	9/10, 9/24
10월	의무론 / 키케로	간질환	10/8, 10/22
11월	예술의 종말 이후 / 아서 단토	백혈병	11/12, 11/26
12월	위대한 유산 상, 하 / 찰스 디킨스	신부전	12/10, 12/24

프로그램 자문위원	▶ 인 문 학 : 김성수 교수, 김종영 교수, 박성창 교수, 이재원 교수, 조현설 교수 ▶ 건강(의학) : 김선희 교수, 김명천 교수, 이은희 원장, 박정배 원장, 정이안 원장 ▶ 경 영 학 : 김동원 교수, 정재호 교수, 김신섭 대표, 전이현 대표, 남석우 회장

4. 독서회원 모집 안내

운 영 : 매월 둘째 주, 넷째 주 수요일 월 2회 비영리로 운영됩니다.
    1. 매월 함께 읽은 책에 대해 발제와 토론을 하고, 전문가 특강으로 완성함.
    2. 건강(의학) 프로그램은 매 월 1회 전문가(의사) 특강 매년 2회.
       인문학 기행 진행과 등산 등 운동 프로그램도 진행함.
회 비 : 오프라인 회원(12개월 60만원), 온라인 회원(12개월 36만원)
일 시 : 매월 2, 4주 수요일(18:00~22:00)
장 소 : 서울시 강남구 테헤란로514 삼흥2빌딩 8층

문 의 : 기업체 단체 회원(온라인) 독서 프로그램은 별도로 운영합니다(문의 요망)
02-3452-7761 / www.120hnh.co.kr

"책읽기는 충실한 인간을 만들고, 글쓰기는 정확한 인간을 만든다."
프랜시스 베이컨(영국의 경험론 철학자, 1561~1626)

기업체 교육안내 <탁월한 전략의 개발과 실행>

월스트리트 저널(WSJ)이 포춘 500대 기업의 인사 책임자를 조사한 바에 따르면, 관리자에게 가장 중요한 자질은 <전략적 사고>로 밝혀졌다. 750개의 부도기업을 조사한 결과 50%의 기업이 전략적 사고의 부재에서 실패의 원인을 찾을 수 있었다. 시간, 인력, 자본, 기술을 효과적으로 사용하고 이윤과 생산성을 최대로 올리는 방법이자 기업의 미래를 체계적으로 예측하는 수단이 바로 '전략적 사고'에서 시작된다.

<관리자의 필요 자질>

새로운 시대는 새로운 전략!

- 세계적인 저성장과 치열한 경쟁은 많은 기업들을 어려운 상황으로 내몰고 있다. 산업의 구조적 변화와 급변하는 고객의 취향은 경쟁우위의 지속성을 어렵게 한다. 조직의 리더들에게 사업적 혜안(Acumen)과 지속적 혁신의지가 그 어느 때보다도 필요한 시점이다.

- 핵심기술의 모방과 기업 가치사슬 과정의 효율성으로 달성해온 품질대비 가격경쟁력이 후발국에게 잠식당할 위기에 처해있다. 산업구조 조정만으로는 불충분하다. 새로운 방향의 모색이 필요할 때이다.

- 기업의 미래는 전략이 좌우한다. 장기적인 목적을 명확히 설정하고 외부환경과 기술변화를 면밀히 분석하여 필요한 역량과 능력을 개발해야 한다. 탁월한 전략의 입안과 실천으로 차별화를 통한 지속가능한 경쟁우위를 확보해야 한다. 전략적 리더십은 기업의 잠재력을 효과적으로 이끌어 낸다.

<탁월한 전략> 교육의 기대효과

① 통합적 전략교육을 통해서 직원들의 주인의식과 몰입의 수준을 높여 생산성의 상승을 가져올 수 있다.
② 기업의 비전과 개인의 목적을 일치시켜 열정적으로 도전하는 기업문화로 성취동기를 극대화할 수 있다.
③ 차별화로 추가적인 고객가치를 창출하여 장기적인 경쟁우위를 바탕으로 지속적 성공을 가져올 수 있다.

- 이미 발행된 관련서적을 바탕으로 <탁월한 전략>의 필수적인 3가지 핵심 분야(전략적 사고, 전략의 구축과 실행, 전략적 리더십)를 통합적으로 마스터하는 프로그램이다.

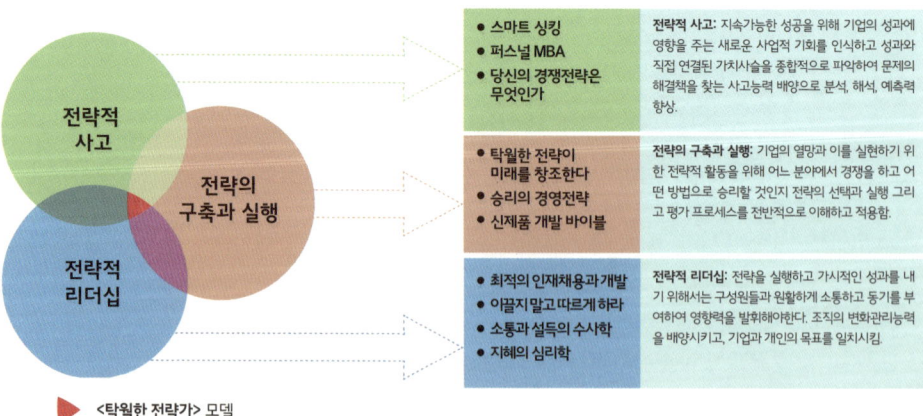

특강 및 교육 신청 문의: 진성북스, 02-3452-7761